Die maschinentechnischen Bauformen und das Skizzieren in Perspektive

Von

Prof. Dipl.-Ing. Carl Volk †

Berlin

Neunte unveränderte Auflage

Mit 100 Skizzen des Verfassers

Springer-Verlag Berlin Heidelberg GmbH
1949

Alle Rechte, insbesondere das der Übersetzung
in fremde Sprachen, vorbehalten.
Copyright 1930 and 1939 by Springer-Verlag Berlin Heidelberg
Ursprünglich erschienen bei Springer-Verlag o. H. G.
in Berlin/Göttingen/Heidelberg. 1939

ISBN 978-3-540-01431-7   ISBN 978-3-662-11510-7 (eBook)
DOI 10.1007/978-3-662-11510-7

Vorwort.

Bei Herausgabe der achten Auflage gedenke ich in dankbarer Verehrung meines Lehrers Professor Johann Radinger[1]. Vor **hundert Jahren,** am 31. Juli 1842, wurde er in Wien geboren. Vor 50 Jahren war ich sein Schüler. Durch ihn wurde ich frühzeitig an perspektives Zeichnen gewöhnt und zu mancher der folgenden Skizzen ließen sich Anklänge und Vorbilder in meinen Vorlesungsheften finden. Es soll hier nicht auf Radingers bahnbrechende Arbeiten als Konstrukteur eingegangen werden. In einer Zeit der Umwälzung und Entwicklung war er ein Pionier auf dem Gebiet der Forschung, der wissenschaftlichen Statistik und der Lehre. Wir verdanken ihm Grundlegendes für die Berechnung und Darstellung der Maschinenteile; auf dieser Grundlage haben Spätere weitergebaut.

Was ich in diesem kurzen Gedenkwort hervorheben möchte, dafür hat Professor A. Riedler die Sätze geprägt[2], daß Radinger **die Fähigkeit besaß, alles, was er sich im Geiste bis in die kleinste Einzelheit vorgestellt hatte, in vollendeter Form zu Papier zu bringen und anderen mitzuteilen. Er war Meister in der Beherrschung der Sprache und des zeichnerischen Ausdruckes.** Er lehrte seine Zuhörer, in den Maschinenteilen die Kraftwirkungen „wie rote Fäden" vor sich zu sehen und die innere Wirkung in der äußeren Formgebung zum Ausdruck zu bringen. Mit der Begeisterung eines Künstlers trat er an die Lösung der Aufgaben heran, die seine Zeit ihm gestellt hat. Radinger war im wahren Sinn des Wortes ein Eisenbildhauer.

Für seine Schüler war nicht die meisterhafte fertige Skizze das Wesentliche, sondern daß sie Zeugen ihrer Entstehung, ihres Werdens sein durften! Von der Bauaufgabe und den gegebenen Teilen ausgehend, hat Radinger vor uns die Skizze entwickelt. Oft stand der Gegenstand der Skizze in enger Beziehung zu seinem

---

[1] Joh. Edler v. Radinger, von 1875 bis 1901 Professor an der Technischen Hochschule in Wien.
[2] Z. VDI, 1901, S. 1779.

konstruktiven Schaffen. So war das hier abgebildete **Wandlager mit Mauerkasten** für die Hof- und Staatsdruckerei in Wien bestimmt. Gerade der Anblick der hoch liegenden und weit ausladenden Lagerböcke von unten hat Radinger viel beschäftigt. Aber es war ihm nicht nur um die Druntersicht, um den schönen Anblick zu tun, das Bild war ihm die gefühlsmäßige Bestätigung der Überlegungen und Rechnungen, die er über die Aufnahme der

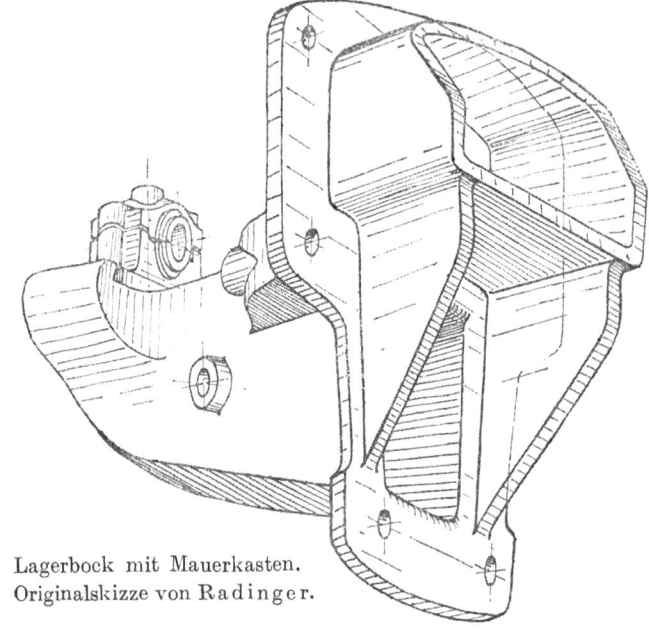

Lagerbock mit Mauerkasten.
Originalskizze von Radinger.

Kräfte und die Weiterleitungen der Schwingungen von den Seilscheiben und Wellen zum Mauerwerk angestellt hatte.

Durch derartige Skizzen hatten wir Anteil an der „inneren Schau" seines noch zu schaffenden, künftigen Werkes!

Wer Radingers Skizzen aufmerksam betrachtet, wird sich klar sein, daß hier ein seltenes Vorstellungsvermögen am Werke war. Der „Kopf" gestaltet den Gegenstand der Skizze und die „Hand" zeichnet das so entstandene Bild ab, wie ein aus festem Stoff geformtes Modell.

Dieser Weg ist freilich nur für den Meister, nicht für Anfänger und Ungeübte gangbar. In diesen muß zunächst die Fähigkeit wachgerufen werden, die **einfachsten Grundformen** zu sehen, in der Vorstellung gleichsam zu schaffen.

Die sogenannten Maschinenteile oder Maschinenelemente — man denke nur an ein Ventil oder eine Schubstange — bestehen selbst wieder aus einzelnen Elementen oder Teilen. Aber auch diese Teile, die man Konstruktionselemente oder Bauteile nennen könnte, eignen sich noch nicht zu einer planmäßigen, für den werdenden Konstrukteur brauchbaren und wertvollen Einteilung. Man muß bis auf die **Bauformen** zurückgehen, aus denen die Bauteile oder **Baukörper** bestehen.

Mehrere Baukörper bilden eine **Baugruppe**, mehrere Baugruppen bilden eine Maschine oder ein Gerät. Die nur in der Anschauung vorhandenen Baukörper werden aus den Bauformen zusammengesetzt, mit Hilfe von **Aufbauskizzen** auf dem Papier entwickelt, bearbeitet, vollendet. Dieses Verfahren hat Ähnlichkeit mit dem Gestalten eines Werkstückes durch eine Reihe von Arbeitsgängen, das Skizzieren wird zu einem Schmieden, Drehen, Hobeln — und die Zeichnung muß mühelos allen Formänderungen folgen können.

Daß der Konstrukteur auch die ,,aus einem Guß'' hergestellten Einzelteile aus den verschiedensten Bauformen zusammensetzt, und daß diese Bauformen ganz verschiedene **Bauaufgaben** zu erfüllen haben, das zeigt sich besonders deutlich, wenn ein Gußstück, z. B. ein Zylinderkopf oder ein Lager, durch eine geschweißte Ausführung ersetzt werden soll. Die Bauformen unserer Maschinen reichen von der ebenen Wand, über Zylinder, Kegel, Kugel und Drehkörper aller Art bis zum Turbinengehäuse, dessen Gestalt nur noch durch Schichtlinien festgelegt werden kann.

Für die skizzenhafte Darstellung der Bauformen werden auf den folgenden Seiten einige einfache Regeln entwickelt. Es handelt sich dabei um **aufbauende** Geometrie. Im Anhang habe ich kurz auf die Beziehungen hingewiesen, die zwischen diesem **Bauen und Schaffen** und der das Geschaffene **darstellenden** Geometrie bestehen. Für einige wertvolle Ratschläge, die namentlich die Axonometrie betreffen, bin ich Herrn Professor Dr. **Fritz Rehbock** (Technische Hochschule Braunschweig) sehr dankbar.

Berlin, im Sommer 1942.

C. Volk.

Inhaltsverzeichnis.

	Seite
A. Würfel, Quader, Zylinder, Kegel	1
B. Kugel, Drehkörper	10
C. Führungsbestimmte Flächen, Schichtlinienflächen	12
D. Durchdringungen und Übergangsformen	15
E. Zusammensetzen von Bauformen	21
F. Schnittfiguren	27
G. Aufbauendes Gestalten (Lösung konstruktiver Aufgaben)	32
H. Schlußbemerkungen	40
Anhang	45

A. Würfel, Quader, Zylinder, Kegel.

Die maschinentechnischen Bauteile, von denen eine Werkzeichnung in Ansicht, Draufsicht und Seitensicht angefertigt werden soll, sind stets so ausgerichtet, daß die bearbeiteten, ebenen Flächen oder die Drehachsen parallel zu den entsprechenden Bildebenen liegen. Stehen die Bildstrahlen *1 1* rechtwinklig zu den Bild-

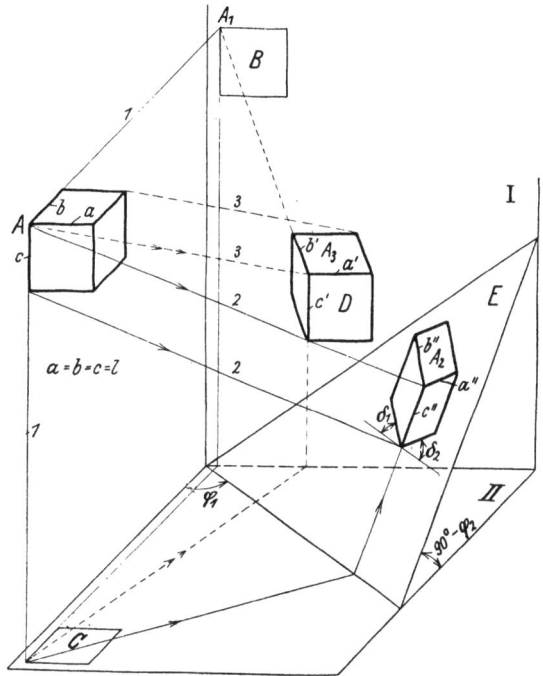

Skizze 1. Rechtwinklige und schiefwinklige Abbildungen eines Würfels.

ebenen *I II* (rechtwinklige Abbildung, normale oder orthogonale Projektion), so erscheint ein Würfel (Sk. 1) in allen Rissen (Aufriß = Bild B, Grundriß = Bild C) als Quadrat. Sollen in einem Riß drei Seiten des Würfels (oder eines Bauteils) sichtbar sein, so muß der Würfel z. B. nach Sk. 1 auf eine geneigte Bildebene E projiziert (Bildstrahlen 2 2, $AA_2 \perp E$) oder mit Hilfe geneigter Bild-

2   Würfel, Quader, Zylinder, Kegel.

strahlen *3 3* auf der Bildebene I abgebildet oder nach Sk. 6 um eine senkrechte Kante gedreht und dann um eine waagrechte Achse geneigt werden[1]. Wählt man stets die gleichen Drehachsen und die gleichen Drehwinkel, so erhält man beim Würfel (und bei allen in gleicher Weise gedrehten Bauteilen) stets gleiche Neigung der Kanten und gleiche Verkürzungsverhältnisse a''/l, b''/l und c''/l. Aus der mit Hilfe der rechtwinkligen Abbildung angefertigten Skizze eines Würfels (Aufbauskizze, räumliches Bild, Raumbild, Skizze in Parallel-Perspektive, perspektive Skizze) lassen sich die Skizzen für Quadrate, Kreise, Zylinder, Kugeln und sonstige Drehkörper ableiten. Benutzt man den Würfel (Sk. 6) oder das entsprechende Achsenkreuz XYZ und die Verkürzungsmaßstäbe in

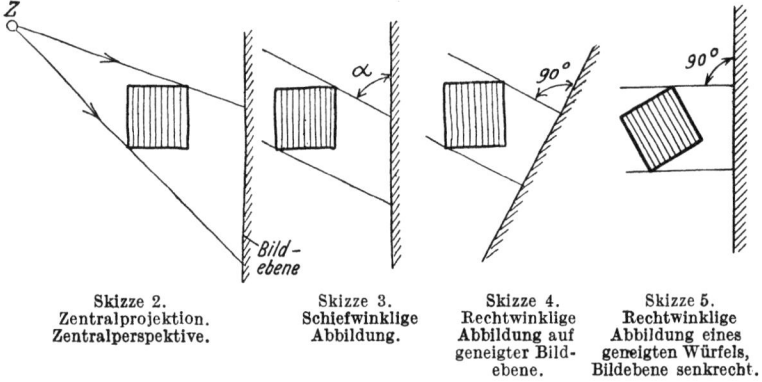

Skizze 2.
Zentralprojektion.
Zentralperspektive.

Skizze 3.
Schiefwinklige Abbildung.

Skizze 4.
Rechtwinklige Abbildung auf geneigter Bildebene.

Skizze 5.
Rechtwinklige Abbildung eines geneigten Würfels, Bildebene senkrecht.

Richtung der Achsen, um von einem Baukörper, dessen Abmessungen gegeben sind, ein Raumbild zu zeichnen, so bedient man sich der rechtwinkligen Axonometrie (maßstäbliches Achsenverfahren). Weitere Angaben über Axonometrie und schiefwinklige Parallelprojektion (Sk. 1, Bild D) sind im Anhang enthalten.

Da der Würfel nach Sk. 6 die Grundlage für die in diesem Buch gezeigten Aufbauskizzen bildet, soll diese Darstellung näher erläutert werden. Der Würfel ist derart geneigt, daß keine seiner Kanten mit der (senkrechten) Bildebene parallel ist und die ursprünglich senkrechten Kanten auch im perspektivischen Bild senkrecht erscheinen.

---

[1] Vgl. die Grundsatzskizzen 2 bis 5.

Würfel, Quader, Zylinder, Kegel. 3

In Sk. 6 ist der Grundriß des Würfels um den Winkel φ_1 gedreht, der Aufriß um den Winkel φ_2 gekippt (Drehachse AA) und der Würfel auf die Seitenrißebene (die hier als Bildebene dient) projiziert. (Dreht man nicht einen Würfel, sondern ein Achsenkreuz um die Winkel φ_1 und φ_2, so erhält man das Achsenkreuz XYZ.) Die Winkel δ_1 und δ_2 und die Verkürzungsverhältnisse sind von der Größe der Winkel φ_1 und φ_2 abhängig. Man wird φ_1 und φ_2 so annehmen, daß sich gute und einfach zu zeichnende Bilder ergeben. Soll z. B. $b'' = c'' = 2\,a''$ sein (also die nach rückwärts laufende Kante a'' halb so lang als jede der beiden anderen Kanten, oder die Verkürzung in Richtung der X-Achse doppelt so groß als in Richtung der Y- und Z-Achse) so erhält man durch Zeichnung oder Rechnung (siehe S. 47) Winkel $\varphi_1 \approx \dot\varphi_2 \approx 20°$ (genauer $\varphi_1 = 20°\,40'$, $\varphi_2 = 19°\,26'$).

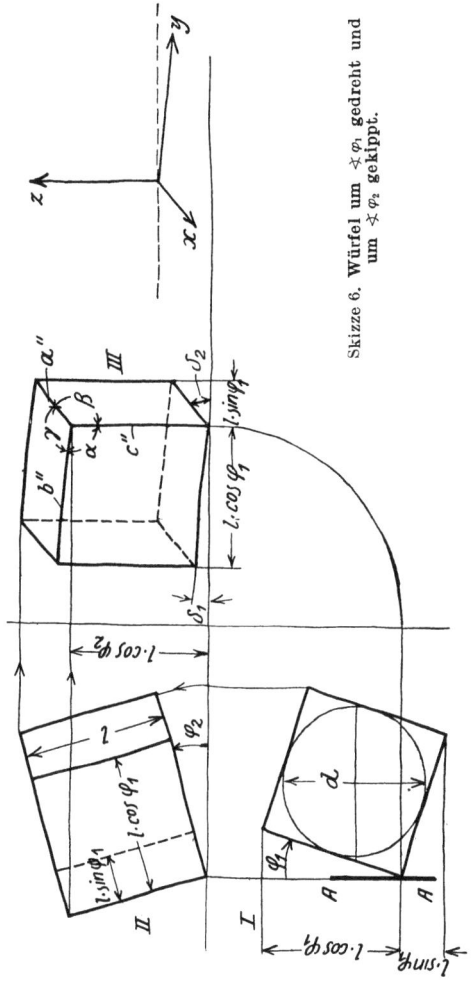

Skizze 6. Würfel um $\sphericalangle\varphi_1$ gedreht und um $\sphericalangle\varphi_2$ gekippt.

Ferner wird $\sphericalangle\alpha \approx 97°\,10'$ und $\sphericalangle\beta = \sphericalangle\gamma \approx 131°\,25'$ oder $\sphericalangle\delta_1 \approx 7°\,10' \approx 7°$ und $\sphericalangle\delta_2 \approx 41°\,25' \approx 42°$.

Diese Neigung der Würfelkanten oder der Achsen kann auch aus $\sin\delta_1 = 1/8$ und $\cos\delta_2 \approx 3/4$ bestimmt werden (Sk. 11a). Die nach Sk. 5 oder 6, also auf dem Wege der rechtwinkligen Abbildung

4   Würfel, Quader, Zylinder, Kegel.

erhaltenen Skizzen haben einige Ähnlichkeit mit den Bildern der Zentralperspektive. Man spricht daher von **Parallel-Perspektive** und mit einer gewissen Annäherung von **perspektiven**[1] Bildern. Der ursprüngliche Sinn des Wortes „perspicere" (hindurchsehen) rechtfertigt ja keineswegs den ausschließlichen Gebrauch der Bezeichnung „Perspektive" für die mit Hilfe der Zentralprojektion gewonnenen Bilder.

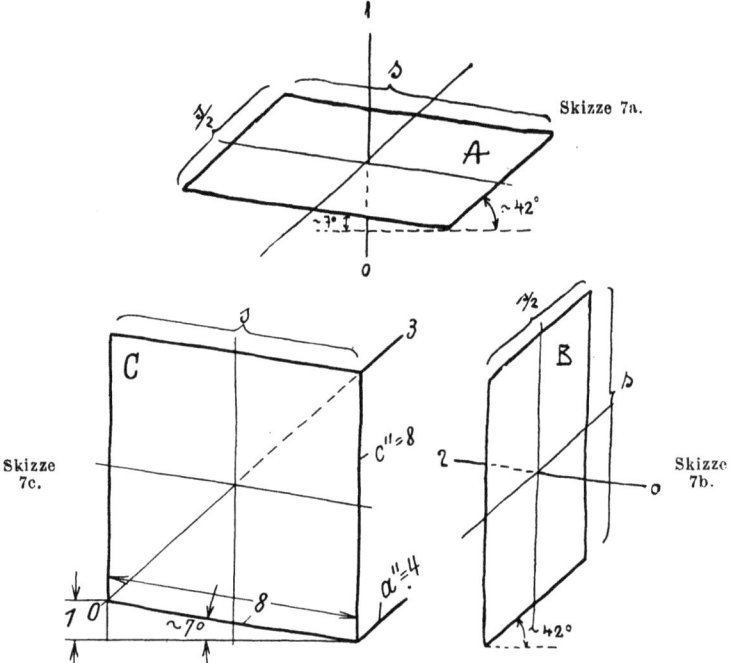

Skizze 7. Quadrate in Parallelperspektive.

Zu Sk. 7c. Die Winkel 7° und 42° kann man auch auf folgende Weise bestimmen: Man zeichne $\sphericalangle \delta_1 \approx$ 7° aus s und $s/8$, trage $s = c''$ nach oben auf, ziehe die Diagonale 0—3 und parallel dazu $a'' = s/2$.

An Hand der Sk. 6, Bild III, kann das Skizzieren von Quadraten und Rechtecken, ferner das Skizzieren von ebenflächig begrenzten Körpern entwickelt werden. Beim Skizzieren von Quadraten (Sk. 7) ziehe man zuerst die (gestrichelte) waagrechte Linie, trage dann die Winkel an und gebe den Seiten die richtige

---

[1] Diese Wortform wird an Stelle von „perspektivisch" empfohlen. Vgl. retrospektiv, konstruktiv, intuitiv usw.

Würfel, Quader, Zylinder, Kegel. 5

Länge. Beim freihändigen Entwerfen von Skizzen beachte man, daß 42° nahezu 45° und 7° ≈ ein Sechstel davon ist. Den Körper nach Sk. 8a erhält man aus dem Würfel Sk. 6, Bild III, durch Wegschneiden oder Hinzufügen von Teilen. Der

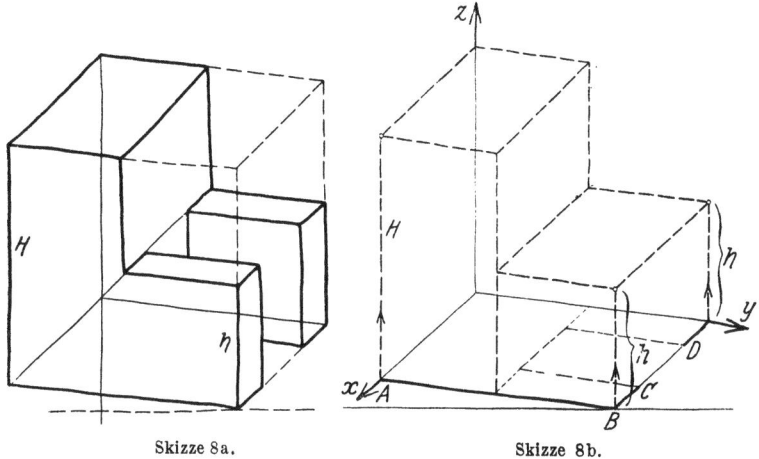

Skizze 8a.   Skizze 8b.

gleiche Körper ist in Sk. 8b mit Hilfe des Achsenkreuzes XYZ aus dem Grundriß $ABCD$ usf. entwickelt.

In Sk. 9 ist ein Würfel in drei verschiedenen Lagen dargestellt.

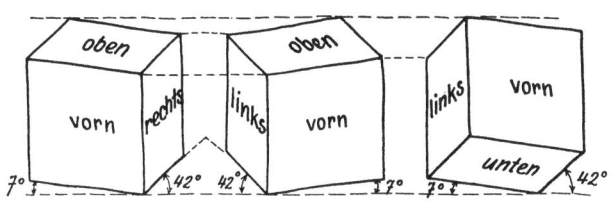

Skizze 9. Verschiedene Würfellagen.

Der 1. Würfel entspricht der Sk. 6, Bild III. In Anlehnung an den 2. Würfel erhält man Bilder, bei denen die 7°-Linien nach rechts, die 42°-Linien nach links laufen, nach dem 3. Würfel erhält man Bilder in Druntersicht[1].

---

[1] Bilder in Parallelperspektive soll man so betrachten, daß die Sehrichtung ungefähr mit der Richtung der Bildstrahlen zusammenfällt. Alle Skizzen nach Sk. 12 (senkrechte Parallelprojektion) betrachte man aus

6   Würfel, Quader, Zylinder, Kegel.

Die Druntersicht (vgl. Sk. 10) wird verwendet, falls die Unterseite eines Bauteiles betrachtet werden soll. Druntersichten sind etwas schwieriger zu zeichnen, tragen aber, ähnlich wie die Bilder von Hohlformen (Sk. 84), sehr zur Kräftigung des Vorstellungsvermögens bei, freilich nur dann, wenn die Bilder nicht mehr oder weniger mechanisch aufgezeichnet, sondern wirklich auf Grund der Anschauung entworfen und als räumliche Gebilde empfunden werden.

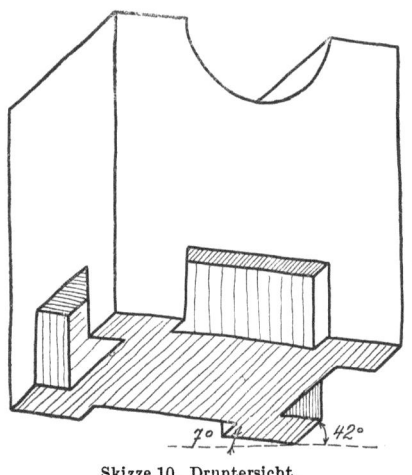

Skizze 10. Druntersicht.
(Von unten betrachten.)

Aus den Sk. 6 und 7 lassen sich auch die Regeln für das Zeichnen der Kreise und Zylinder ableiten. Man braucht nur in die Seitenflächen des Würfels oder in die Quadrate nach Sk. 6 Kreise einzuzeichnen und die Ellipsen aufzusuchen, die bei der Abbildung dieser Kreise entstehen. Aus den Skizzen 7 erhält man die Skizzen 11, aus dem Würfel Sk. 6 den Würfel Sk. 12.

Dieser Würfel ist dem Normblatt DIN 5 entnommen, das der Arbeitsausschuß für Zeichnungen nach meinen Vorschlägen aufgestellt hat. Man beachte die Regeln für das Zeichnen der Ellipsen E_1, E_2 und E_3 in den drei Hauptlagen. Über das Zeichnen von Ellipsen, die anderen Kreislagen entsprechen, s. Sk. 20.

In Sk. 11a ist die Hauptachse (große Achse) der Ellipse waagrecht, also rechtwinklig zu $O\,1$. Dies folgt auch aus einem Vergleich von Sk. 11a mit Sk. 6. Die große Achse entspricht dem Kreisdurchmesser d, der parallel zur waagrechten Drehachse AA liegt und daher bei der Drehung um diese Achse seine Größe und Richtung beibehält. Die obere Würfelseite (Sk. 6) ist unter dem $\sphericalangle\,\varphi_2$ zur Bildebene geneigt. Der zu AA senkrecht stehende

einiger Entfernung von vorne, Bildebene etwas nach rückwärts geneigt. Bei den Skizzen nach Sk. 94 bis 97 (schiefe Parallelprojektion) gehen die Bildstrahlen von rechts oben schräg zur lotrechten und bei Sk. 100 von vorne unter 45° zur waagrechten Bildebene.

Würfel, Quader, Zylinder, Kegel. 7

Kreisdurchmesser verkürzt sich daher (mit $\sphericalangle \varphi_2 \approx 19°\,26'$) auf $d \sin 19°\,26' \approx 0{,}33\,d \approx \frac{1}{3}\,d$, d. h. die Nebenachse (kleine Achse) der Ellipse E_1 ist ein Drittel der großen Achse. (Vgl. Sk. 13.)

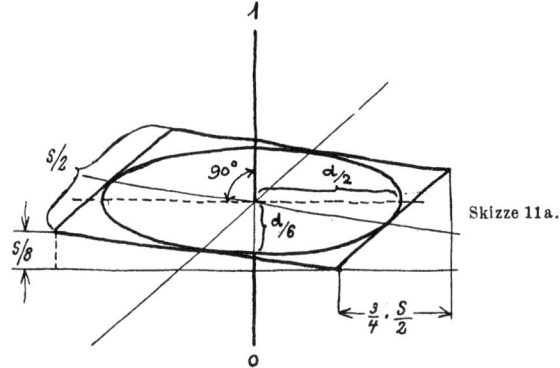

Skizze 11a.

(Nach Sk. 6 ist die Würfelseite $s = d \cdot \cos \varphi_2 \approx 0{,}94\,d$ und $d \approx 1{,}06\,s$.)

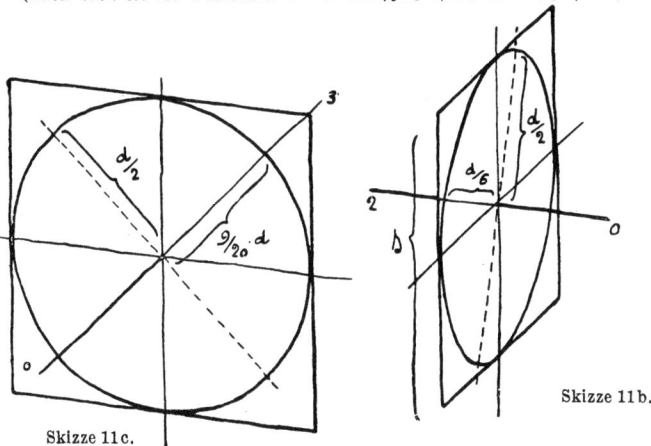

Skizze 11b.

Skizze 11c.

Skizze 11. Quadrate und Kreise.
(Nur Erklärungsfigur! Beim Zeichnen der Ellipsen verfahre man nach Sk. 14.)

Eine kreisförmige Scheibe nach Sk. 11a mit einer Achse $O1$ gleicht einem Kreisel. Es soll daher für die im Raum rechtwinklig zur Kreisfläche stehenden Achsen $O1, O2$ und $O3$ der Ausdruck „Kreiselachsen" gebraucht werden, um Verwechselungen mit den in der Kreisfläche liegenden Achsen zu vermeiden.

Die aus Sk. 12 ersichtliche rechte Seitenfläche des Würfels stimmt mit der oberen Deckfläche überein. Daher stimmt die

8 Würfel, Quader, Zylinder, Kegel.

Ellipse E_2 mit der Ellipse E_1 in bezug auf die Größe und die relative Lage überein. Die Kreiselachse $O2$ ist parallel zur 7°-Linie und steht rechtwinklig zu der (gestrichelten) großen Achse.

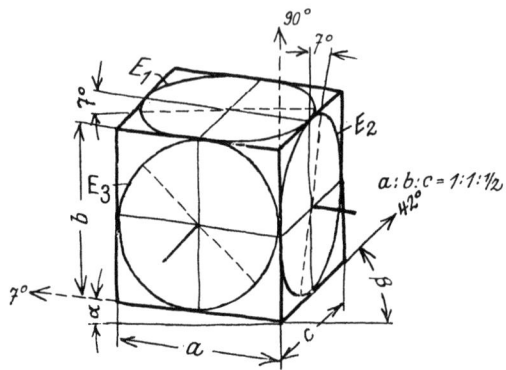

Skizze 12. Würfel mit Kreisen nach DIN 5. Winkel α und β entsprechen den Winkeln δ_1 und δ_2 der Sk. 6, die Seiten a, b und c, den Seiten b'', c'' und a''. Besitzt die Würfelseite die wahre Länge l, so ist $a = b = 2c = 0{,}94\,l$ (Sk. 6). Dies wäre zu beachten, falls ausnahmsweise eine Zeichnung nach Sk. 12 genau maßstabrichtig ausgeführt werden soll.

Regeln für das Zeichnen der Ellipsen. Ellipse E_1: Große Achse rechtwinklig zu 90° (waagrecht). Achsenverhältnis 1 : 3. — Ellipse E_2: Große Achse rechtwinklig zu 7°. Achsenverhältnis 1 : 3. — Ellipse E_3: Große Achse rechtwinklig zu 42°. Achsenverhältnis $\approx$ 9 : 10. (Die Ellipse E_3 weicht also nur wenig von der Kreisform ab. (Vgl. 11 c).

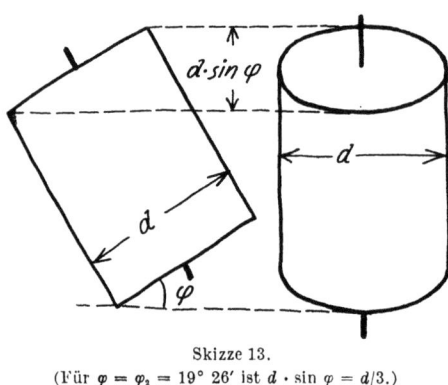

Skizze 13.
(Für $\varphi = \varphi_2 = 19° 26'$ ist $d \cdot \sin \varphi = d/3$.)

In allen drei Bildern steht die Kreiselachse rechtwinklig zu der Hauptachse der Ellipse. Dies ergibt sich auch aus nachstehender Überlegung:

Wird der Zylinder, den Sk. 13 darstellt, um einen beliebigen Winkel φ geneigt, so erscheint im Bild die obere Deckfläche als Ellipse mit der großen Achse d und der kleinen Achse $d \sin \varphi$. Die Zylinderachse (Kreiselachse) steht rechtwinklig zur großen Achse der Ellipse. Dies gilt natürlich auch für jede andere Zylinderlage.

Regel für das freihändige Zeichnen der Kreis-Zylinder: Man ziehe stets zuerst die Kreiselachse, welche rechtwink-

Würfel, Quader, Zylinder, Kegel.   9

lig auf der Kreisfläche steht und unter 7°, 42° oder 90° geneigt erscheint. Rechtwinklig zur Kreiselachse liegt die große Achse der Ellipse, deren Länge man passend wählt. Je nach der Lage der Kreiselachse mache man die kleine Achse der Ellipse $\frac{1}{3}$ oder $\frac{9}{10}$ der großen Achse, zeichne zuerst (vgl. Sk. 14) die Kuppen (*kk*),· dann die flachen Stücke (*ff*) und füge, falls erforderlich, noch die beiden Kreisdurchmesser (|| z. d. Würfelkanten) hinzu. Beim kräftigen Nachziehen der Figur wird die große Achse nicht ausgezogen, da sie im Gesamtbild stört.

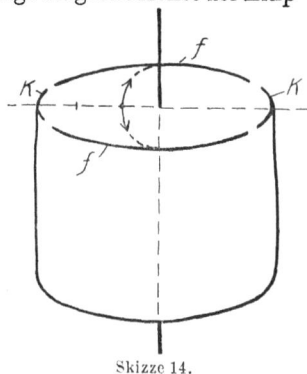

Skizze 14.

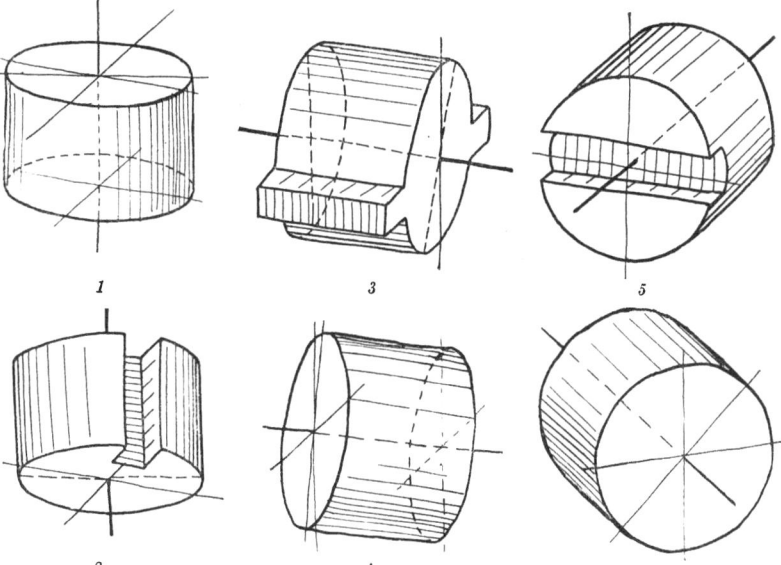

Skizze 15. Sechs Hauptlagen eines Zylinders.
1. Kreiselachse lotrecht, Draufsicht. *2.* Kreiselachse lotrecht, Druntersicht. *3.* Kreiselachse unter 7°, Ansicht von rechts. *4.* Kreiselachse unter 7°, Druntersicht. *5.* Kreiselachse unter 42°, Ansicht von links. *6.* Kreiselachse unter 42°, Ansicht von rechts.

Für die wichtigsten Lagen der Zylinder ergeben sich die in Sk. 15 dargestellten Bilder (Drauf- und Drunteransicht, Ansicht von links und rechts).

10 Kugel, Drehkörper.

Beim Zeichnen eines Kegels geht man vom Grundkreis aus, errichtet die Höhe H, nimmt die Spitze S an und zieht von S Berührende an den Grundkreis (Sk. 16). Beim Kegelstumpf (Sk. 17) zeichnet man die den Kreisen K_1 und K_2 entsprechenden Ellipsen und zieht die Berührenden. Aus Sk. 16 ist auch der Schnitt eines Kegels mit einer zur Kegelachse parallelen Ebene zu erkennen. Die Skizzen sollen im wesentlichen völlig freihändig entworfen werden. Durch oftmaliges Zeichnen der grundlegenden Skizzen suche man das richtige Augenmaß für die Lage der Achsen und die verschiedenen Längen zu erhalten. Sind aber für einen be-

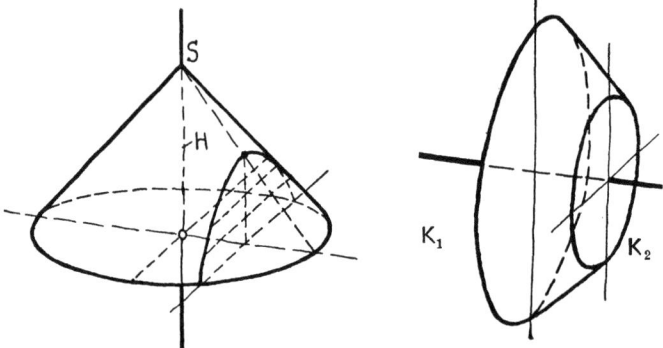

Skizze 16. Kegel mit Hyperbelschnitt.   Skizze 17. Kegelstumpf.

stimmten Zweck besonders sorgfältig ausgeführte Skizzen erwünscht, so können folgende Hilfsmittel verwendet werden: 1. Vierecke mit den Winkeln 41° 25', 90°, 97° 10' und 131° 25' (Kanten mit Maßeinteilung). 2. Linienblätter, die mit einem Netz von Strichen in Richtung 7° und 42° versehen sind. (Man zeichne unmittelbar auf diesen Blättern oder lege durchscheinendes Papier darüber.) 3. Schablonen oder Vorlagen für die Ellipsen.

B. Kugel, Drehkörper.

Das Bild einer Kugel in rechtwinkliger Parallelprojektion ist ein Kreis (Sk. 18). Denkt man sich die Kugel in einem Würfel nach Sk. 12 eingeschlossen, so erkennt man, daß eine durch den Kugelmittelpunkt gehende Ebene E, die parallel zur oberen Deckfläche des Würfels liegt, die Kugel in einem größten Kreis (Äquator) schneidet, der sich als Ellipse E_1 abbildet.

Parallel zu E liegende Ebenen schneiden die Kugel in kleineren Kreisen. Die entsprechenden Ellipsen berühren den Umriß der Kugel und weisen das Achsenverhältnis $1:3$ auf.

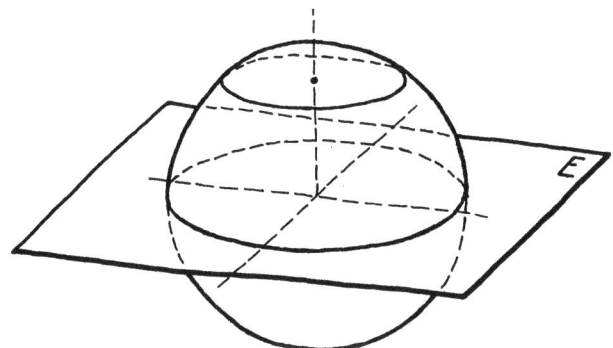

Skizze 18. Kugel in axonometrischer Darstellung, $R = 20$ mm. Achsenlage nach Sk. 12.

Das eben Gesagte gilt sinngemäß auch für schneidende Ebenen, die zu der vorderen oder der rechten Seitenfläche des Würfels parallel sind.

Beim Darstellen von Drehkörpern beachte man, daß sie (genau wie die Kugel in Sk. 18) von Ebenen rechtwinklig zur Drehachse in Kreislinien geschnitten werden und daß diese Kreise sich als Ellipsen abbilden, deren große Achse waagrecht liegt (E_1 in Sk. 12). Die äußere Begrenzungslinie („Umriß") des Drehkörpers berührt die erwähnten Ellipsen (Sk. 19). Zu den Drehkörpern gehören auch die Krümmer. Bei der Aufbauskizze eines Krümmers wird man aber nicht von den erwähnten Kreisschnitten ausgehen, sondern einen Kreis, der sich als Ellipse abbildet, um eine Drehachse $D-D$ schwenken.

Das in Sk. 20 gezeigte Verfahren läßt erkennen, daß man auf diese Weise auch Kreise, die in beliebig geneigten Ebenen liegen, zeichnen kann.

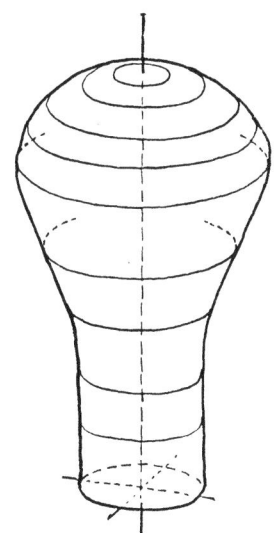

Skizze 19. Drehkörper in Parallelperspektive. Achsenlage nach Sk. 12.

Volk, Bauformen. 9. Aufl.

Man denke sich die Ellipse E_2 allmählich in die Lage E_1 gebracht. In den Zwischenlagen behält sie die Länge der großen Achse und die Länge und Neigung des Durchmessers d bei. In Stellung E_2 sieht man die rechte, in Stellung E_1 die linke Seite der Kreisfläche, dazwischen liegt eine Stellung, in der die Kreisfläche als gerade Linie in Richtung D—D erscheint.

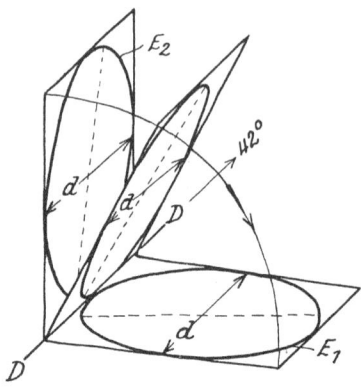

Skizze 20. Verschiedene Kreislagen. (Große Achsen gestrichelt.)

C. Führungsbestimmte Flächen, Schichtlinienflächen.

In den Abschnitten A und B sind vornehmlich jene Flächen behandelt, die sich auf den Maschinen zur Holz- und Metallbearbeitung durch Drehen, Fräsen oder Hobeln herstellen lassen.

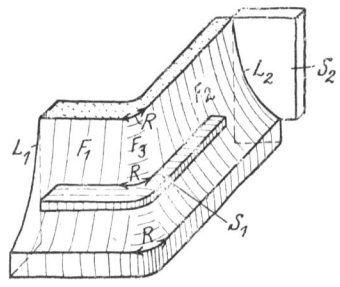

Skizze 21a.
Fläche F_3 = führungsbestimmte Fläche.

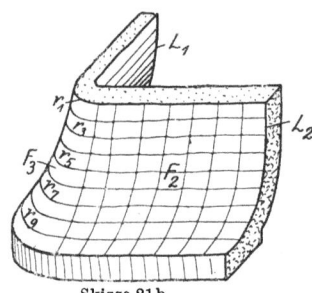

Skizze 21b.
Fläche F_3 = Schichtlinienfläche.

Bei größeren Gußstücken, bei der Schablonenformerei, Lehmformerei usf. kommen außer den Drehflächen oft Flächen nach Sk. 21a oder Sk. 21b vor.

Die Flächen F_1 und F_2 (Sk. 21a), die mit entsprechend geführten Schablonen (S_2) geformt werden können, sind allgemeine Zylinderflächen, hingegen ist die Rundungsfläche F_3 eine durch die Leitlinien L_1 und L_2 und die Schablone S_1 bestimmte Schiebungsfläche, die ich hier, wo von den Beziehungen des Konstrukteurs zur Formerei die

Führungsbestimmte Flächen, Schichtlinienflächen. 13

Rede ist, als führungsbestimmte Fläche bezeichnen will. Es handelt sich für den Konstrukteur nicht um die Darstellung dieser Fläche im Sinne der darstellenden Geometrie, sondern um den Aufbau eines Körpers, um eine Anweisung an die Formerei, es handelt sich um aufbauendes Gestalten.

In Sk. 22a stoßen die Zylinderflächen Z_1 und Z_2 unmittelbar

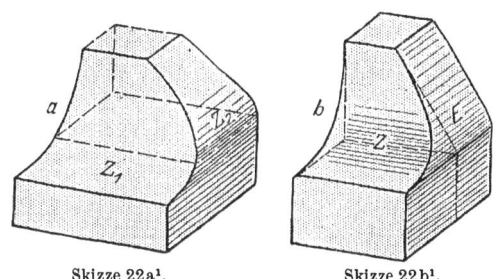

Skizze 22a[1].   Skizze 22b[1].
Übergang von der Wandfläche zur Grundplatte.

zusammen. An Hand der Sk. 22a sei noch darauf hingewiesen, daß die scharfe (oder gerundete) Kante, die bei der Durchdringung zweier Zylinder Z_1 und Z_2 entsteht, von der Wahl der Leitlinien abhängt und in manchen Fällen eine unschöne Doppelkrümmung aufweist.

Mit Rücksicht auf den ruhigen, klaren Verlauf der Kante und wegen der einfachen, billigen Herstellung empfehle ich, die Form 22a durch die Form 22b zu ersetzen, bei der ein Zylinder Z

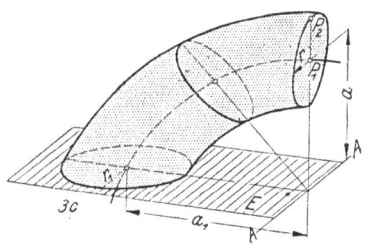

Skizze 23[1].
Führungsbestimmte Fläche.

mit einer Ebene E zusammentrifft. Zwischen Z und E kann eine Rundungsfläche nach Sk. 21 eingeschaltet werden.

Sk. 23 stellt eine führungsbestimmte Fläche dar, bei welcher die Erzeugende ein Kreis mit veränderlichem Halbmesser ist; die Kreisebene E wird um die Achse AA geschwenkt und der Abstand a_1 auf a verringert.

---
[1] Aus Volk: Gehäuse, Maschinenbau, 1927, S. 652. Vgl. auch Volk: Der konstruktive Fortschritt, ein Skizzenbuch, Berlin: Springer-Verlag, 1941.

14 Führungsbestimmte Flächen, Schichtlinienflächen.

In Sk. 21a war angenommen, daß die Rundung der Fläche $F3$ mit gleichbleibendem Halbmesser R ausgeführt wird. In Sk. 21b nimmt aber der Halbmesser von r_1 bis r_{10} zu. Liegen die Mittelpunkte zu diesen Halbmessern in einer Senkrechten, so ist die Rundungsfläche F_3 offenbar eine Drehfläche, die mit einer drehbaren Schablone geformt werden kann. Liegen aber die Mittelpunkte nicht senkrecht übereinander, so ist die genaue Festlegung von F_3 nur durch Schichtlinien möglich, d. h. man gibt der Modelltischlerei und Formerei die Schnittkurven des verlangten Körpers mit einer Schar von parallelen Ebenen an.

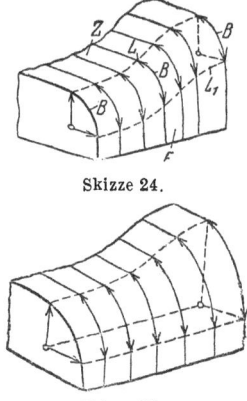

Skizze 24.

Skizze 25.

Skizze 24 u. 25: Übergang vom Zylinder zur Ebene. Bei Sk. 24 (führungsbestimmte Fläche) wird der Übergang von Z (allgemeine Zylinderfläche) zur ebenen Seitenwand E durch Kreisbogen B von unveränderlichem Halbmesser bewirkt, bei Sk. 25 (Schichtlinienfläche) durch Ellipsen oder Parabeln.

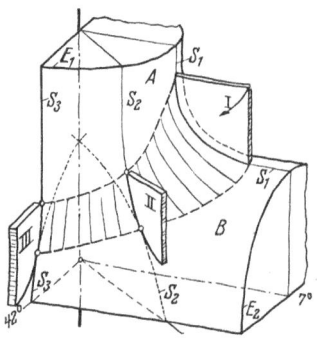

Sk. 26. Übergang von Zylinder A zu Zylinder B durch führungsbestimmte Rundungsfläche. S_1, S_2 u. S_3 = Schnittlinien der Schablonenebene mit A u. B. (Vgl. Sk. 20 u. 27.)

Bei schwach beanspruchten Gußstücken, bei denen die Form oder die Wandstärken nicht ganz genau eingehalten werden müssen, kann der Konstrukteur dem Former die Ausführung der Rundungsflächen ziemlich selbständig überlassen, in anderen Fällen müssen aber die Abmessungen der Bauteile und der Kerne durch zahlreiche Schichtlinien, durch ein Rippenmodell, durch Lehren zum Nachmessen usf. gesichert werden. In manchen Fällen (Turbinenschaufeln, Peltonbecher, Luftschrauben) sind 2 oder selbst 3 Scharen von Kurven erforderlich. Man beachte die Sk. 24 bis 26, 60 und 61.

D. Durchdringungen und Übergangsformen.
I. Durchdringungen.

Regel: Ist die Durchdringung zweier Flächen A und B zu bestimmen, so lege man eine Hilfsfläche C und ermittle die Schnittfigur zwischen A und C und dann zwischen B und C. Wo diese beiden Schnittfiguren sich schneiden, sind Punkte der Durchdringungskurve.
Die Hilfsfläche wird so gelegt, daß sich möglichst einfache Schnittkurven ergeben.
Bei Aufbauskizzen genügen natürlich zwei oder vier Punkte der Durchdringung.

1. Beispiel: Ein Zylinder B durchdringe einen Zylinder A (Sk. 27).
Man zeichne zuerst den Zylinder A und die vordere Grundfläche von B samt allen Mittellinien. Eine Hilfsebene C durch beide Zylinderachsen ergibt als Schnittfigur mit A ein Rechteck und ebenso mit B ein Rechteck.

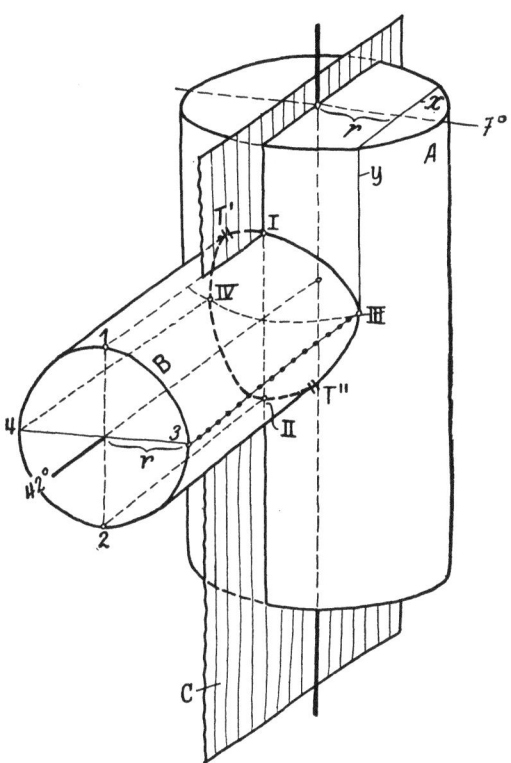

Skizze 27. Durchdringung zweier Zylinder.

Die Punkte I und II sind also Durchdringungspunkte. Weitere Punkte bestimmt man mit Hilfe von Ebenen, die zu C parallel sind.

Den am weitesten rechts (oder links) liegenden Punkt erhält man offenbar durch eine Ebene, die von C den Abstand r hat und den Zylinder B in 3 (oder 4) berührt. Trägt man den Abstand r auf der Deckfläche des Zylinders A auf und zieht die Schnittlinien x und y, so erhält man in III den gesuchten Durchdringungspunkt.

Auf gleiche Weise oder durch bloßes Übertragen erhält man den Punkt IV.

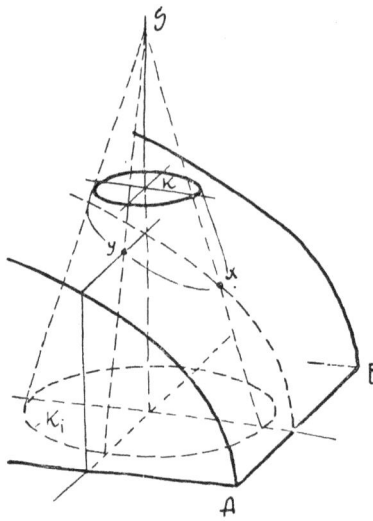

Beim Zeichnen der Durchdringungskurve ist folgendes zu beachten:

a) In den Punkten I und II hat die Kurve Berührende parallel zur 7° Linie.

b) In den Punkten III und IV hat die Kurve Berührende parallel zur 90° Linie.

c) In den Punkten T' und T'' berührt die Kurve die äußeren Mantelgeraden des Zylinders B.

Das gleiche Verfahren gilt sinngemäß auch für Zylinder in anderen Lagen.

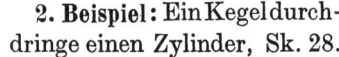

Skizze 28.
Durchdringung zwischen Kegel und Zylinder.

Stellt man sich die Körper im Raume richtig vor und beachtet man die gegebenen Regeln und Anleitungen, so genügt meist die Bestimmung eines einzigen Punktes (z. B. I oder III) für das Aufzeichnen der Kurve[1]).

2. **Beispiel:** Ein Kegel durchdringe einen Zylinder, Sk. 28.

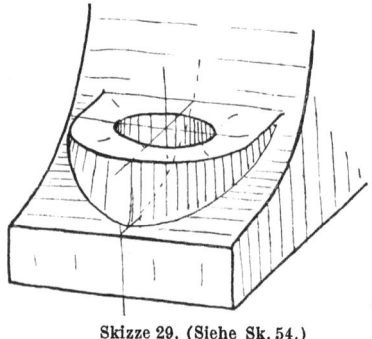

Skizze 29. (Siehe Sk. 54.)

Man zeichne den Zylinder samt Mittellinien und den oberen Kreis K des Kegelstumpfes. Die Neigung der Kegelerzeugenden bestimme man entweder aus der Spitze S oder aus dem unteren Kreis K_1 oder nach dem Augenmaß.

Legt man nun eine Hilfsebene durch die Kegelachse und rechtwinklig zu AB, so erhält man die Punkte x, während eine Ebene durch die Kegelachse und

---

[1] Gerundeter Übergang von B zu A ist aus Skizze 26 ersichtlich.

Durchdringungen und Übergangsformen. 17

parallel zu AB die Punkte y liefert. Weitere Punkte erhält man durch Ebenen, die durch die Spitze gehen und parallel zu AB sind. Die beiden äußeren Mantellinien des Kegels sind Tangenten an die Durchdringungskurve. — Die Lösung einer ähnlichen Aufgabe (Durchdringung von Vollzylinder mit Hohlzylinder) zeigt Sk. 29.

3. Beispiel: Auf einer Halbkugel befinde sich ein zylindr. Ansatz. Sk. 30 zeigt das unfertige Bild. Die Halbkugel und der obere Kreis K des Ansatzes sind gezeichnet. Eine Hilfsebene durch die Zylinderachse und den Durchmesser d_1 ergab als Schnitt mit der Kugel einen größten Kreis (halbe große Achse der Ellipse $= OA$). Eine senkrechte Ebene durch d_2 ergibt als Schnittfigur eine Ellipse mit OB als halbe große Achse. ($OA \perp d_2$, $OB \perp d_1$, vgl. Sk. 11). Von den Punkten x oder y bestimmt schon ein einziger die Lage der Schnittlinie, die ja in Form und Größe der oberen Ellipse K entspricht.

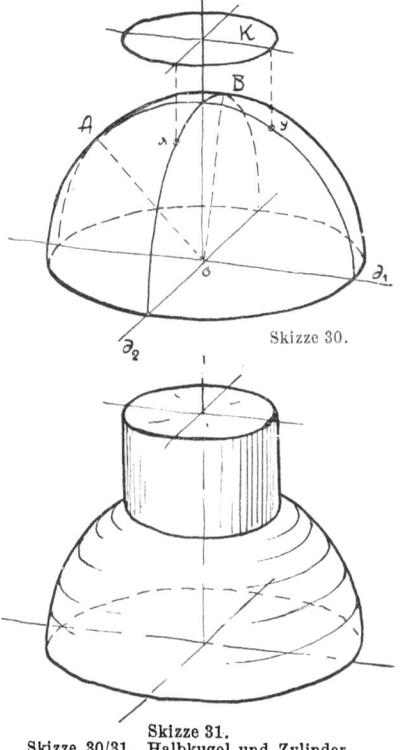

Skizze 30.

Skizze 31.
Skizze 30/31. Halbkugel und Zylinder.

II. Übergangsformen[1].

Auch bei den Übergangsformen handelt es sich um Durchdringungen oder um Schnitte zwischen Ebenen und Drehkörpern. Aber auch hier ist für den Konstrukteur nicht die Durchdringungslinie das Wesentliche, sondern die Herstellung der Form mit geeigneten Werkzeugen.

Der Übergang vom runden Querschnitt zum Rechteck, Sechseck oder seitlich abgeflachten Kreis wird durch einen Kegel, eine Kugel oder einen beliebigen Drehkörper vermittelt.

1. Beispiel: An eine runde Stange soll ein vierkantiger Schaft S angeschlossen werden. Den Übergang vermittle ein Kegel.

---
[1] Der Übergang durch Rundungsflächen ist auf Seite 12 bis 14 behandelt.

18 Durchdringungen und Übergangsformen.

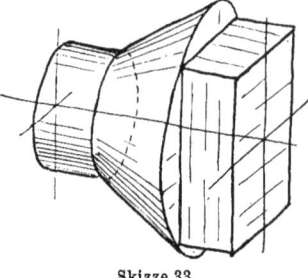

Skizze 33.

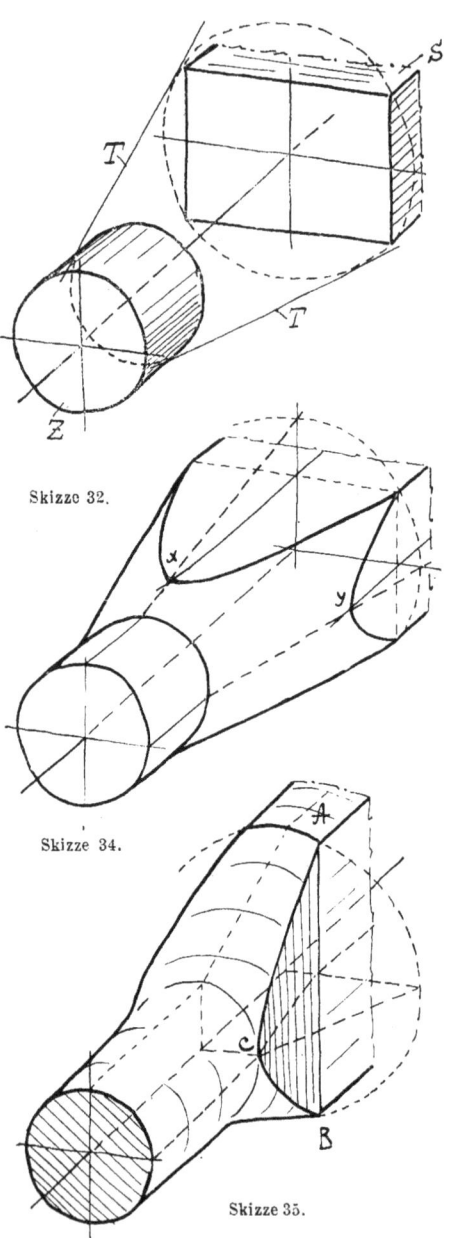

Skizze 32.

Skizze 34.

Skizze 35.

Man zeichne den Zylinder Z und den Schaft S, denke sich um den rechteckigen Schaftquerschnitt einen Kreis beschrieben (Sk. 32) und lege die Kegelerzeugenden T derart, daß sie diesen Kreis und den Kreis am Stangenende berühren. Dadurch erhält man einen Körper nach Sk. 33. Die vorspringenden Teile des Kegels müssen nun weg

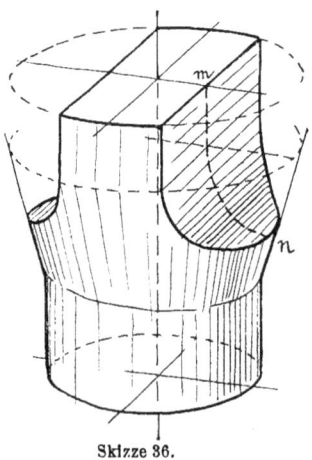

Skizze 36.

Durchdringungen und Übergangsformen. 19

geschnitten werden. Dies kann durch Ebenen erfolgen, die gleichsam eine Verlängerung der Seitenflächen des Schaftes bilden (Sk. 34), oder auch durch hierzu geneigte Ebenen (ABC in Sk. 35) oder endlich durch Zylinderflächen (Sk. 36).

Um den Punkt y (Sk. 34) zu finden, legt man durch die Drehachse eine waagrechte Ebene, zeichnet die Schnittgeraden mit dem Kegel und dem Schaft ein und sucht deren Schnittpunkt y auf. x erhält man durch eine senkrechte Hilfsebene, weitere Zwischenpunkte durch Ebenen rechtwinklig zur Drehachse. Die Schnittkurven zwischen Kegel und Schaft sind Hyperbeln.

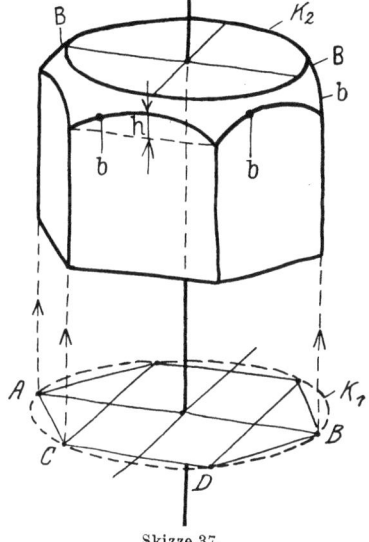

In Sk. 35 ist angenommen, daß die Breite des Schaftes geringer ist als der Durchmesser der Stange. (Übergang von runder Öffnung zu rechteckiger Öffnung bei Hahngehäusen, Eckventilen; rechteckiger Hebel mit rundem Griff usw.)

Die schneidende Ebene werde durch AB und Punkt C gelegt. Zwischenpunkte ergeben sich durch Hilfsebenen rechtwinklig zur Drehachse. Die Schnittlinie mit dem Kegel ist ein Kreis, mit der Ebene ABC eine senkrechte Gerade.

Skizze 37.

Bei Sk. 36 wird die Seitenfläche gefräßt oder gehobelt. Die Leitlinie mn der Zylinderfläche nehme man beliebig an und suche Zwischenpunkte mit Hilfsebenen auf, die rechtwinklig zur Drehachse liegen[1].

2. Beispiel: Es sei eine sechskantige Mutter zu zeichnen. Die Abrundung erfolge nach einer Kugel (Sk. 37). Man zeichne ein sechsseitiges Prisma und eine Kugel, lege Ebenen durch die Seitenflächen des Prismas und bringe sie mit der Kugel zum Schnitt. Diese Lösung ist für Freihandskizzen zu umständlich. Aus der Anschauung heraus ergibt sich folgende Konstruktion: Man zeichne einen Kreis K_1 und lege in diesen ein Sechseck ($\overline{AB} = 2\,\overline{CD}$).

---
[1] Falls die Sk. 35 u. 36 z. B. Kerne von Gußstücken darstellen, müssen die Durchdringungskanten gerundet werden!

Die Seitenflächen der Mutter sind nach obenhin durch Kreisbogen b (Ellipsen) von der Pfeilhöhe h (geschätzt) begrenzt. Etwas höher liegt der Kreis K_2.

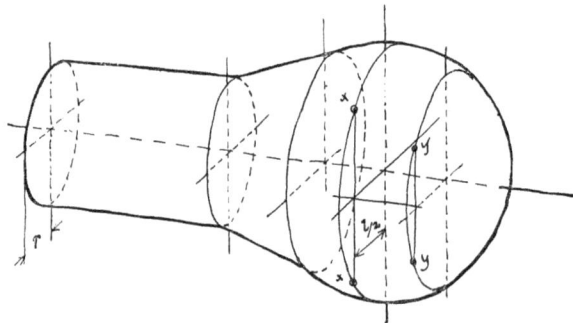

Skizze 38. Stangenauge, Grundform und Schnitte ⊥ zur Drehachse (vgl. Skizze 19).

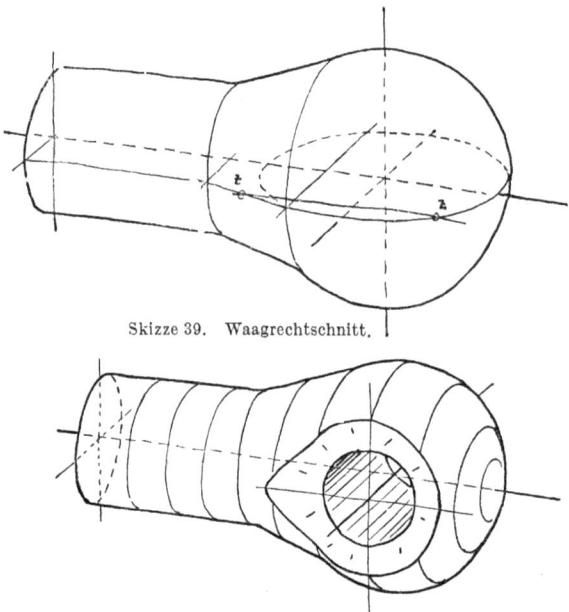

Skizze 39. Waagrechtschnitt.

Skizze 40. Stangenauge, Aufbauskizze.

Berührend an K_2 und b ziehe man die zur Kugelumgrenzung gehörigen Kreisbogen B.

3. Beispiel: Es sei ein Stangenauge zu zeichnen. Das eigentliche Auge sei kugelig und gehe kegelförmig in die Stange über. Sk. 38 zeigt dann die Ausgangsform. Zeichnet man den größten Kugelkreis (Kreisebene $\perp$ Drehachse), zieht dann die Mittellinie der Bohrung und macht $l/2 > r$, so sind xx bereits zwei Punkte der Schnittlinie zwischen dem Drehkörper und einer senkrechten Ebene, die um $l/2$ von der Achse absteht. Weitere Punkte yy erhält man in ähnlicher Weise. In vorliegendem Falle befinden sich die Punkte $x\,x\,y\,y$ auf einem Kreis, der sich als Ellipse $E\,3$ (Skizze 12) abbildet. Die beiden äußersten Punkte zz ergeben sich mit Hilfe einer waagrechten Ebene, welche den Umdrehungskörper nach einer Erzeugenden schneidet (Sk. 39). Verbindet man die gefundenen Punkte und zeichnet die Bohrung ein, so erhält man Sk. 40.

(Man zeichne die Stangen Sk. 34 bis 36 und Sk. 38 bis 40 auch in anderen Lagen, z. B. Drehachse senkrecht.)

E. Zusammensetzen von Bauformen.

In den vorhergehenden Abschnitten wurden die einzelnen Bauformen entwickelt und in Abschnitt D war bereits von der Durchdringung zwischen zwei Bauformen und von ihrem Aneinanderreihen die Rede.

Bevor ich im Abschnitt G zu dem freien Gestalten, zum Schaffen eines neuen Baukörpers aus der Bauaufgabe heraus übergehe, möge, gleichsam als Vorbereitung und Zwischenstufe, das Zusammenfügen von gegebenen Bauformen zu einem Baukörper geübt werden.

Regel: „Man gehe beim Zeichnen ähnlich vor, wie ein Modelltischler beim Zusammensetzen des betreffenden Körpers vorgehen würde, d. h. man beginne mit dem wichtigsten Teil und füge dann Stück für Stück die anderen Teile an."

Anfänger mögen zur Übung die verschiedenen Teile zuerst einzeln zeichnen, wie Sk. 41 zeigt.

Auf Abrundungen nehme man vorerst keine Rücksicht, sondern zeichne alle Übergänge scharf. In den Entwurfsskizzen (Sk. 73 und 97) sind aber die Rundungen anzugeben!

Beispiele.

1. Es sei eine Ankerplatte zu skizzieren.

Sie besteht aus der quadratischen Grundplatte, die man nach den durch Sk. 7a gegebenen Regeln entwirft, aus der zylindri-

schen Hülse, die nach Sk. 14 oder 15 zu zeichnen ist, und aus 4 Rippen (Sk. 41).
Die Wandstärken, der Durchmesser der Bohrung usw., werden

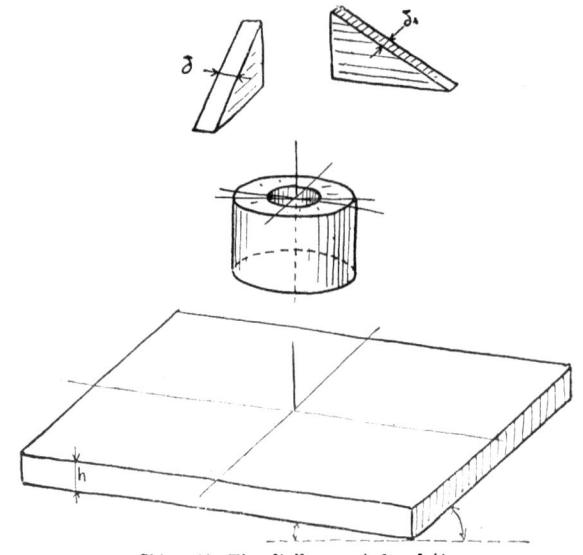

Skizze 41. Einzelteile zur Ankerplatte.

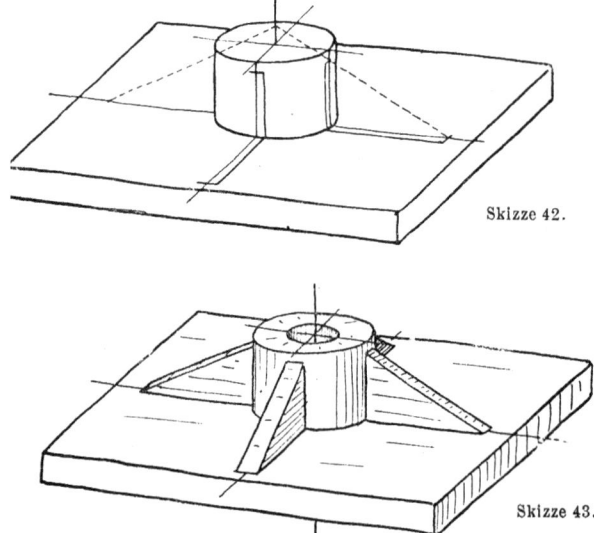

Skizze 42.

Skizze 43.

Zusammensetzen von Bauformen. 23

nur nach dem Gefühl angenommen; dabei ist zu beachten, daß die Dicke δ der Rippe jedenfalls geringer ist als h, daß bei gleicher Dicke der Rippen für δ_1 die Hälfte von δ einzutragen ist, daß der Durchmesser der Bohrung vielleicht $= 2h$ ist, usw.

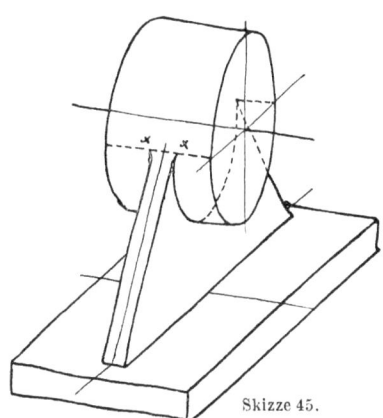

Skizze 45.

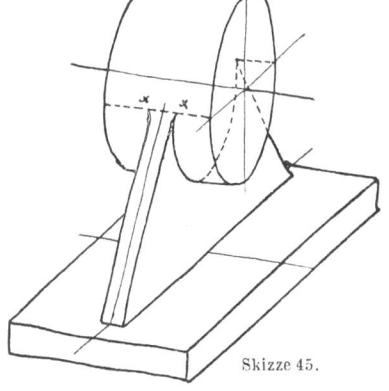

Skizze 45.

Beim Zusammenfügen der genannten Teile zeichne man erst (mit dünnen Strichen) die Grundplatte samt den Mittellinien und stelle den Zylinder darauf, trage dann auch am Zylinder die Mittellinien für die Rippen ein und ziehe links und rechts davon deren Anlauflinien vor. Sk. 42 zeigt die Skizze in diesem halbfertigen Zustand. Die vorn und rechts liegende Rippe kann nun ohne weiteres gezeichnet werden, die Schräge der linken Rippe ergibt

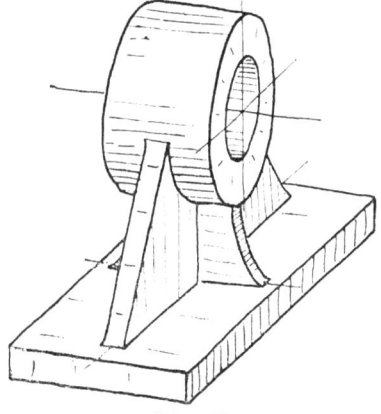

Skizze 46.
Skizze 44 bis 46. Entwicklung eines Augenlagers.

sich entweder auch aus ihren (zum Teil unsichtbaren) Anlauflinien oder nach dem aus Sk. 42 ersichtlichen Verfahren.

Hebt man nun die sichtbaren Teile durch kräftige Linien mehr hervor, so erhält man ein klares und deutliches Bild, das durch einige Schattenstriche noch anschaulicher wird (Sk. 43).

Zusammensetzen von Bauformen.

Für diese Schattenstriche ist nur der Endzweck, „ein anschauliches Bild" maßgebend, die wirkliche Beleuchtung des Gegenstandes wird nicht berücksichtigt. Verschieden geneigte Flächen unterscheide man nicht so sehr durch die Stärke des Schattens, als durch die Lage der Striche. Man hüte sich beim Anbringen der Schattenstriche vor jedem Zuviel!

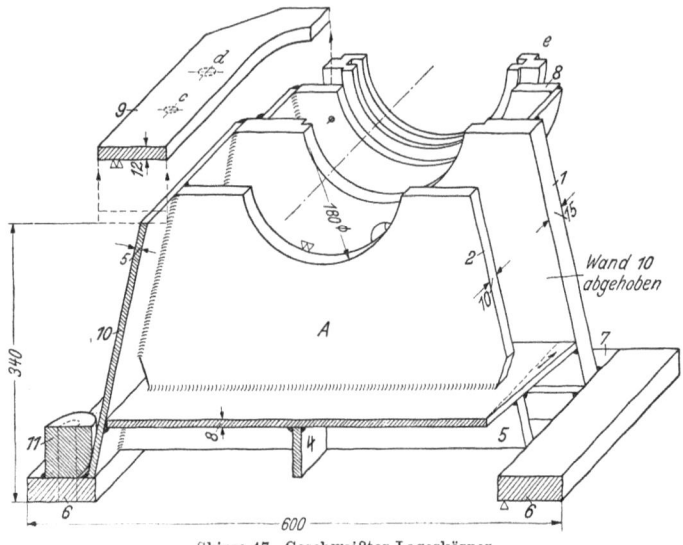

Skizze 47. Geschweißter Lagerkörper.
(Schiefwinklige Abbildung nach Sk. 94).

An der fertigen Figur übe man strenge Selbstkritik, die sich nicht nur auf das fertige Bild, sondern auch auf den Weg erstrecken soll, der beim Skizzieren eingeschlagen wurde, verbessere fehlerhafte Stellen oder zeichne die Skizze von neuem, falls sie allzu unrichtige Verhältnisse zeigt oder die gewählte Lage nicht günstig war. Oft wird man manche Teile absichtlich verlängern oder verkürzen, um Wesentliches auffällig zur Geltung zu bringen.

2. Es sei ein Augenlager zu zeichnen, bestehend aus dem Lagerkörper, der Grundplatte und den Tragrippen. Mitte Lager liege über Mitte Grundplatte.

Zuerst wird die Lagerbüchse gezeichnet, darunter die Platte mit allen Mittellinien und den Anlauflinien der Längsrippe

Zusammensetzen von Bauformen. 25

(Sk. 44). Nimmt man an, daß die Rippe das Auge bis zur Hälfte umfaßt, so liegen die oberen Anlaufpunkte in xx. Man

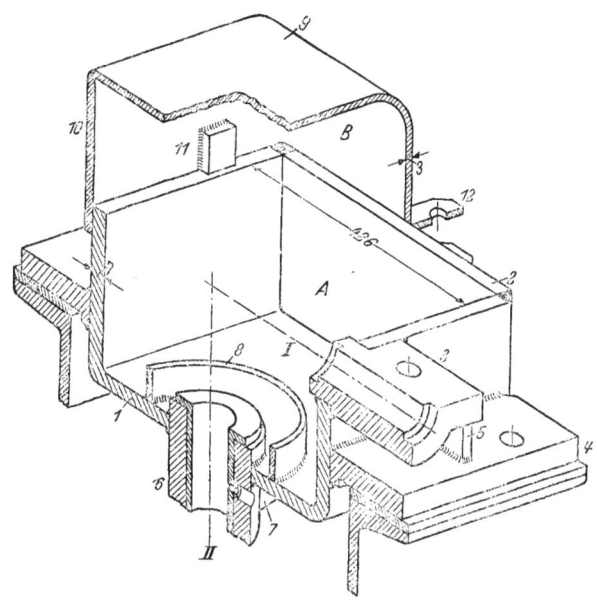

Skizze 48. Gehäuse für Kegelräder.

zeichne nun die Längsrippe ein (Sk. 45) und füge dann die Querrippe hinzu (Sk. 46).

3. Weitere Beispiele zeigen Sk. 47[1] (Unterteil eines geschweißten Ringschmierlagers), Sk. 48[1] (Kegelräderkasten), Sk. 49 (Kupplungshälfte, bestehend aus Zylinder, Längsrippe, zylindrischer Aussparung für die Schraubenköpfe usw.).

Einen Überblick über die Formen, die sich aus

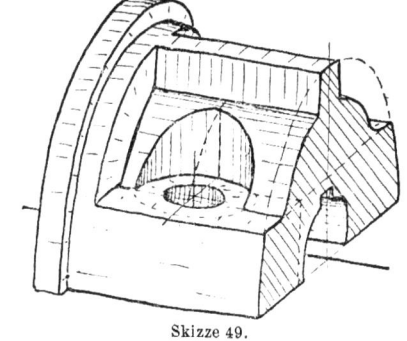

Skizze 49.

---

[1] Aus Volk-Hänchen, Schweißkonstruktionen. Berlin: Springer-Verlag. 1939.

26 Zusammensetzen von Bauformen.

den drei Grundformen: Quader A, Zylinder oder Kegel B und Drehkörper C ableiten lassen, zeigt Sk. 50.

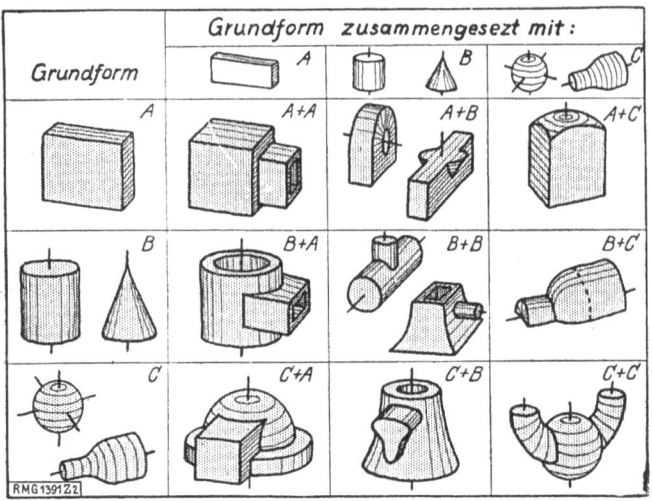

Skizze 50. Grundformen und zusammengesetzte Bauformen.

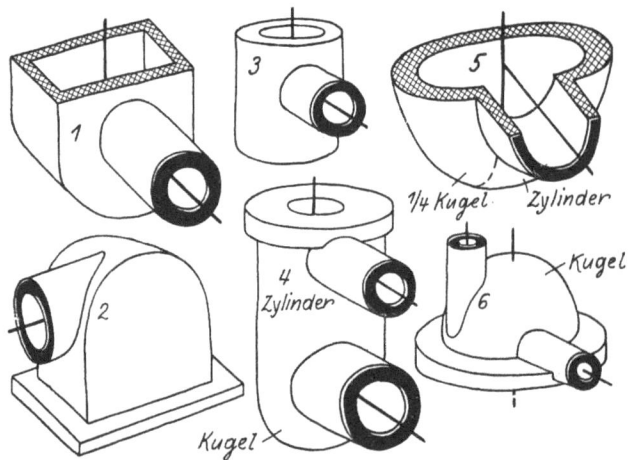

Skizze 51. Hohlformen, Grundsatzskizzen.
Bei geschweißten Teilen müssen die Schweißraupen, bei gegossenen Teilen die Übergangsrundungen angegeben werden (vgl. Sk. 26 u. 47).

Zusammengesetzte Bauformen (Formenreihen) sind auch aus den Skizzen 51 und 52 ersichtlich.

Schnittfiguren. 27

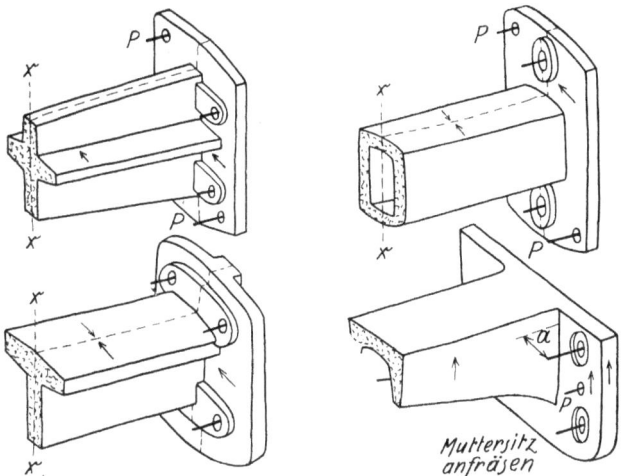

Skizze 52. Formenreihe für eine Wandlagerabstützung. (Modellteilfuge? Gußnaht? Aus-
heberichtung?) P = Paßstifte.

F. Schnittfiguren.

Bei der Lösung konstruktiver Aufgaben wird man oft die Bauteile nicht in Ansicht, sondern im Schnitt darstellen. Es sei daher hier ein kurzer Abschnitt über Schnittfiguren eingeschaltet. Dabei können ein Viertel, die Hälfte oder drei Viertel des betreffenden Bauteiles weggeschnitten und dann das übrigbleibende Stück betrachtet werden. Der Zusammenhang zwischen einer An sichtsfigur und den zugehörigen Schnitten ergibt sich aus Sk. 53 [1] Beim Zeichnen geht man am besten von der durchschnittenen Fläche aus. So wäre in Sk. 53 b oder Sk. 54 mit dem Schnitt zu beginnen, dann die Bohrung, dann der Lagerkörper, die Grundplatte usw. zu zeichnen [2]. In Sk. 55 ist ein Viertel von einem Durchgangs-Ventil dargestellt. Zuerst habe ich die senkrechte Mittellinie gezogen, dann die Bohrung und den Flanschkreis des Deckels angenommen und entsprechend tiefer den Kreis für die Sitzöffnung gezeichnet. Nun kommt der Querschnitt an die Reihe, dann der Längsschnitt. Die äußere Umgrenzung des Gehäuses und die Durchdringung sind nur nach dem Gefühl gezeichnet. Dabei ist vorausgesetzt, daß sich der Sitz unter Vermittlung von Kegelflächen an die Gehäusewand anschließt.

[1] In Sk. 97 steht die Ansicht neben dem Schnitt.
[2] Vgl. Sk. 47 u. 48.

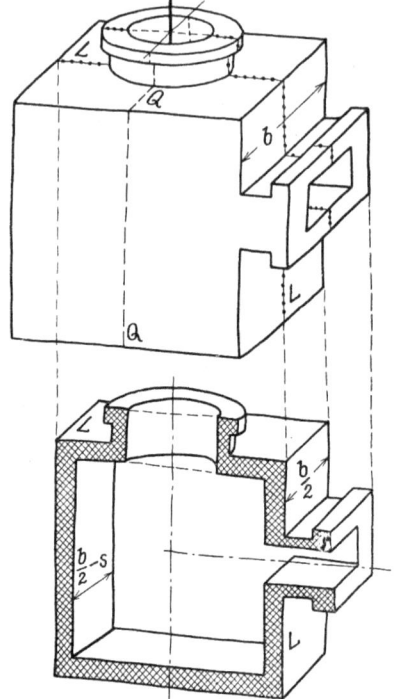

Skizze 53a/b. Ansicht und Schnitte.
(L—L: Längsschnitt; Q—Q: Querschnitt.)
Man füge noch den Waagrechtschnitt hinzu.

Sk. 56 zeigt den Lagerkörper für ein Ringschmierlager im Längs- und Querschnitt und in Sk. 57 wurde ein Kreuzkopf in der Mitte durchschnitten und beide Hälften etwas voneinander entfernt.
Aus Sk. 58 ist eine andere Kreuzkopfform zu ersehen, die für schwere Walzenzugmaschinen üblich ist.
In Sk. 59 ist ein Ventilzylinder in seinen Hauptformen wiedergegeben. Rippen, Kernöffnungen, Bohrungen für die Indikatoren, für Schmierung, Entwässerung usw. sind weggelassen. Sk. 60 stellt einen Abdampfstutzen für eine Dampfturbine dar. Die Aufbauskizze wird durch die

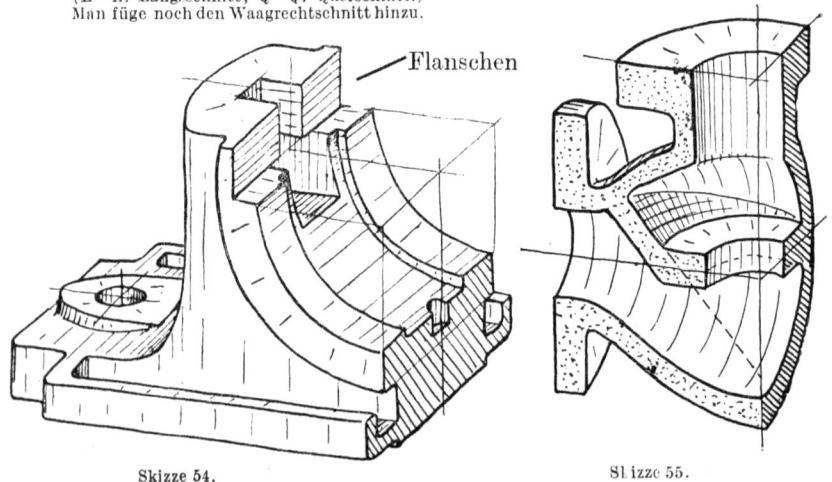

Skizze 54.   Skizze 55.

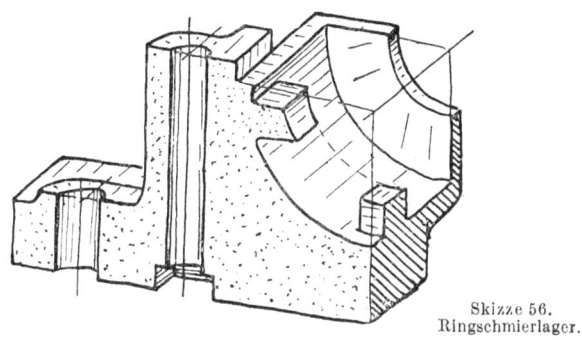

Skizze 56.
Ringschmierlager.

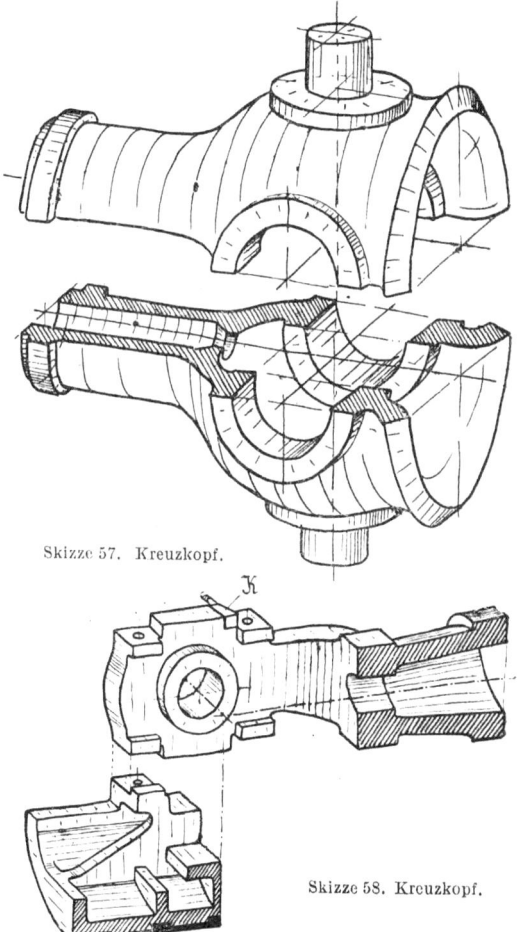

Skizze 57. Kreuzkopf.

Skizze 58. Kreuzkopf.

und durch Schichtlinien bestimmt, von denen die Linien I bis V eingezeichnet sind. Eine ähnliche Form, aber mit führungsbestimmten Flächen, ist aus Sk. 61 zu ersehen. Vgl. Abschn. C.

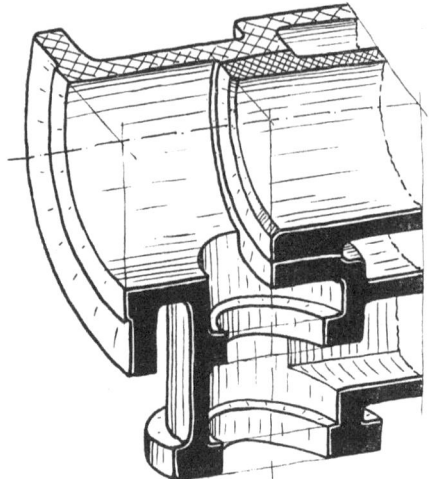

Aufbauskizzen im Schnitt wird man auch anwenden, wenn es sich um Bauteile handelt, zu deren Darstellung in einer Gesamtansicht viel Zeit erforderlich wäre. Man zerlege dann den betreffenden Maschinenteil in mehrere einfache Schnittfiguren.

Wäre z. B. für einen Drehstrommotor der Gehäusedeckel mit eingebautem Ringschmierlager zu skizzieren, so zeichne

Skizze 59. Ventilzylinder. Längsschnitt und Waagrechtschnitt.

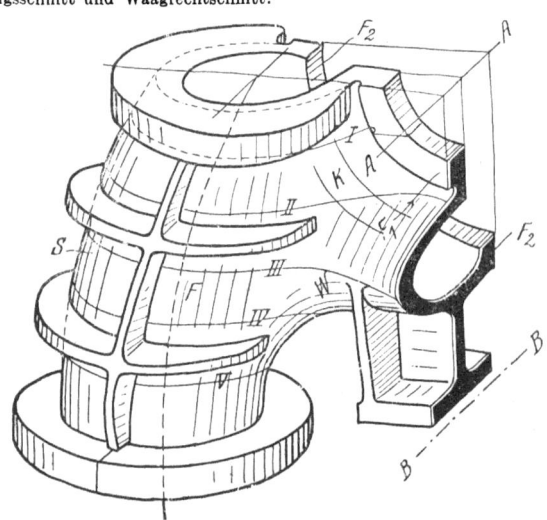

Skizze 60. Abdampfstutzen für Dampfturbine.

man vorerst den Öltrog mit den Tropfenfängern (Sk. 62). Zum Tragen der unteren Lagerschalen können seitliche Leisten und

Schnittfiguren. 31

Stützen dienen (Sk. 56), oder eine Brücke nach Sk. 63, die für schwere Lager durch Rippen versteift wird. Der Anschluß des

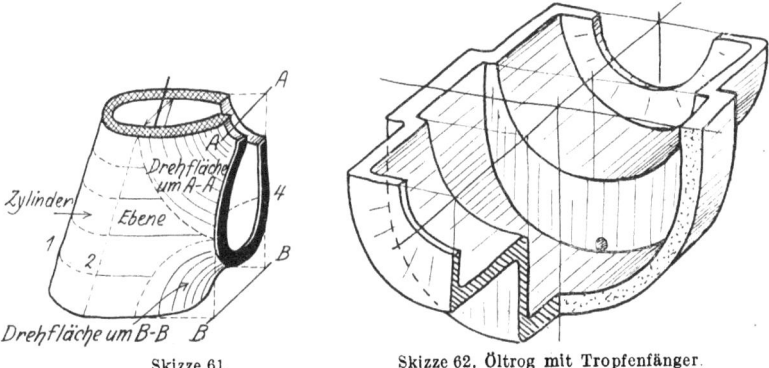

Skizze 61. Skizze 62. Öltrog mit Tropfenfänger.

Lagerkörpers an die kegelförmige Wand des Gehäusedeckels kann dann seitlich und unten durch kräftige Tragrippen erfolgen, vielleicht nach Sk. 64[1].
Die Querschnittsflächen hebe man kräftig hervor, am besten durch Kreuzschraffen oder durch Schwärzen oder

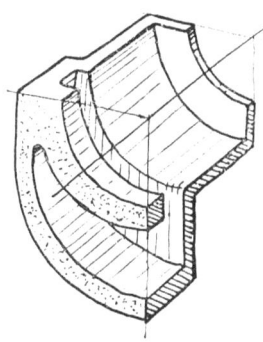
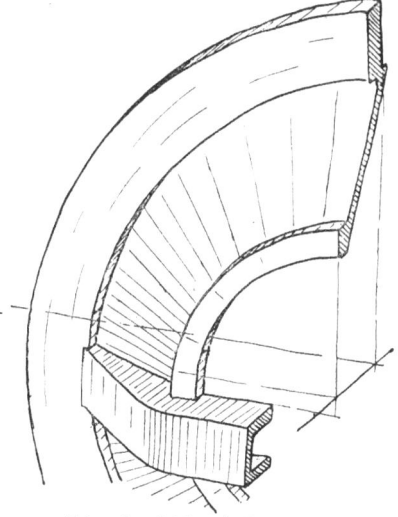

Skizze 63. Öltrog mit Tragring für die Schale. Skizze 64. Gehäusedeckel.

Färben der Fläche (Sk. 53b und Sk. 60). Längs- und Querschnitte sollen verschieden gekennzeichnet werden, vgl. Sk. 55, 56 und 61.

[1] Teile, welche andere Teile verdecken, kann man fortlassen, abbrechen, abheben oder ausschneiden (Sk. 47, 48, 85, 86).

G. Aufbauendes Gestalten[1].
Lösung konstruktiver Aufgaben.

1. Beispiel: Es sei ein Gehäuse für ein Schneckengetriebe zu entwerfen. Sk. 65 zeigt die grundsätzliche Anordnung von Schnecke und Schraubenrad. Form a und Form b haben Teilfuge, Form c ist ein ungeteiltes Gehäuse mit großer Öffnung zum Einbringen des Rades. Die Form e kommt in Betracht, falls D wesentlich größer ist als L, die Formen d und f sind zu wählen, wenn b (bzw. die für

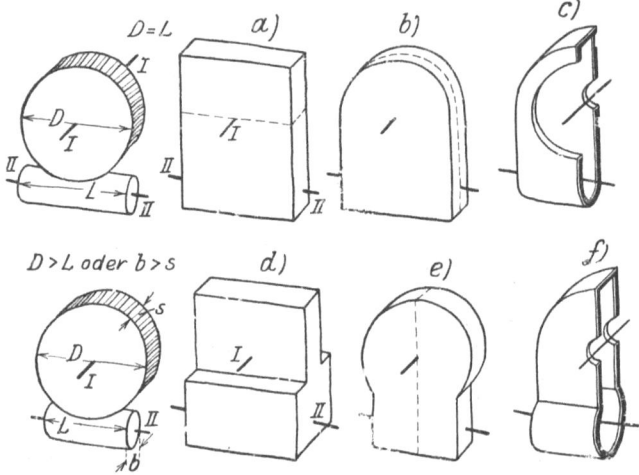

Skizze 65. Gehäuse für Schneckengetriebe (Formenreihe).
Für alle Gehäusekonstruktionen gilt als Hauptregel: Vom Gegebenen (Räder, Wellen, Lagerstellen usf.) ausgehen! Von Innen nach Außen konstruieren

den Einbau der Kugellager erforderliche Breite) wesentlich größer ist als s. Entscheidet man sich aus verschiedenen Gründen, die mit der Lagerung, dem Zusammenbau, der Ölführung usf. zusammenhängen können, für die Grundform b, so kann Sk. 66 den ersten Entwurf des Gehäuses darstellen. Je nach der Lage der Teilfuge (1—1, 2—2, 3—3) sind die drei aus der Skizze 66 ersichtlichen

---

[1] Es handelt sich um das Skizzieren des vom Konstrukteur gewollten, von ihm geschauten Baukörpers. Hier können nur die unmittelbar mit der Form zusammenhängenden Fragen erörtert werden. Mittelbar sind von der Form auch die Festigkeitseigenschaften abhängig, die Wirtschaftlichkeit der Herstellung, die Lebensdauer, die Betriebssicherheit usf.

Lösungen möglich. Durch den Kreis *4—4* ist eine Konstruktion mit ungeteiltem Gehäuse und großem seitlichen Deckel angedeutet.

2. Beispiel: Es soll ein Gabelauge entworfen werden. Man beginne mit der roh vorgearbeiteten Form vor dem Herausstoßen des Mittelteiles[1] und füge an das Auge noch ein Stück des Schaftes (Sk. 67). Zwischen dem Schaftquerschnitt und dem runden Stangenquerschnitt ist nun ein Übergang nach einem Umdrehungskörper einzuschalten. Zu diesem Zwecke kann man

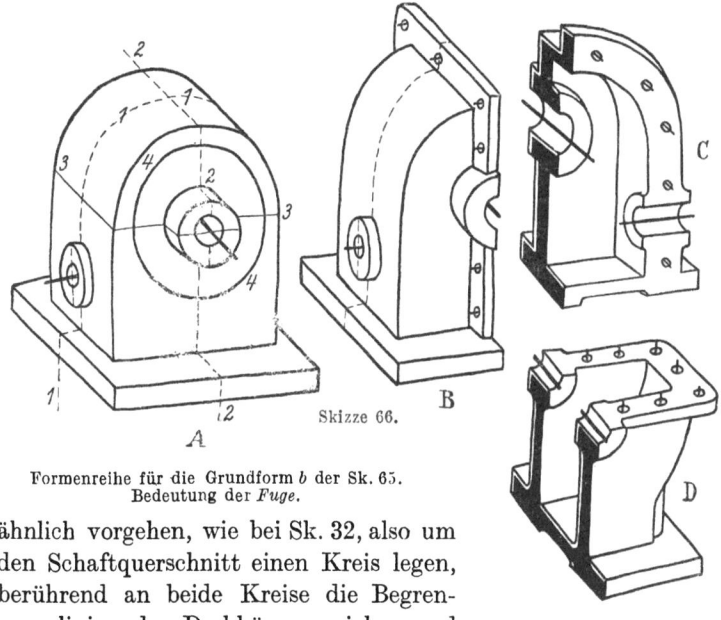

Skizze 66.

Formenreihe für die Grundform *b* der Sk. 65.
Bedeutung der *Fuge*.

ähnlich vorgehen, wie bei Sk. 32, also um den Schaftquerschnitt einen Kreis legen, berührend an beide Kreise die Begrenzungslinien des Drehkörpers ziehen und dann dessen Schnittkurven mit den Seitenflächen des Schaftes aufsuchen. In Sk. 67 ist ein anderer Weg eingeschlagen. Dabei ist *1—1* die gefühlsmäßig angenommene Schnittlinie des Drehkörpers mit einer waagrechten Ebene. Um die Schnittlinie *2—2* mit einer senkrechten Ebene zu erhalten, wird an mehreren Stellen der Abstand *a* gleich *b* gemacht. Punkt *x* liegt im Schnitt von *2—2* und

---

[1] Statt den Mittelteil herauszustoßen oder mit dem Schneidbrenner auszuschneiden, kann man auch die nach Sk. 67 vorgeschmiedete Form mit der Säge einschneiden (in Richtung *3—3*) und die beiden Teile zur Gabel ausschmieden.

34 Aufbauendes Gestalten.

3—3. Nun zeichne man die Schnittkurve zwischen dem Drehkörper und den ebenen Seitenflächen des Schaftes nach dem Gefühl und symmetrisch zu *3—3* ein usw.

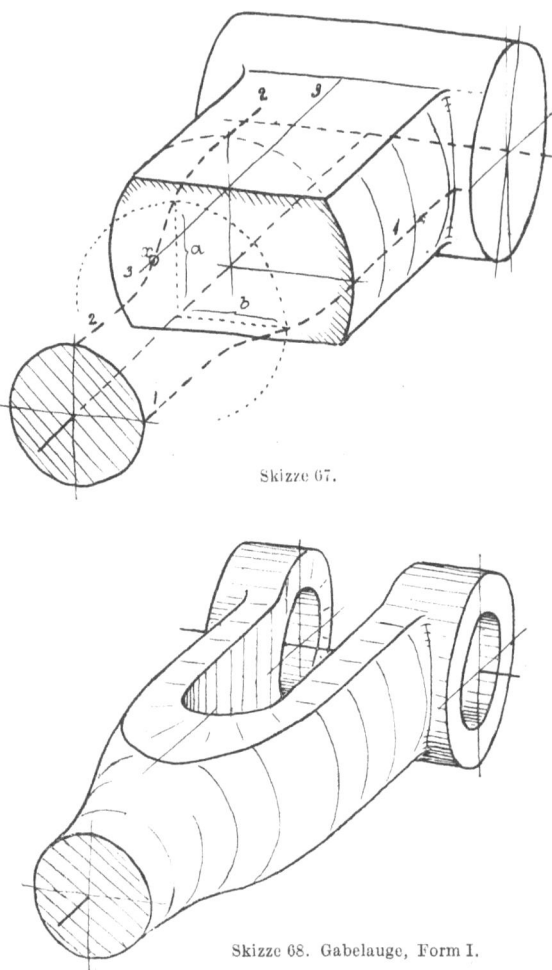

Skizze 67.

Skizze 68. Gabelauge, Form I.

Aus Sk. 68 ist zu ersehen, daß sich diese Gabel nicht ganz auf den Werkzeugmaschinen herstellen läßt, sondern der Anschluß der Gabelarme an die Augen von Hand bearbeitet werden muß. Zum Vergleich zeigen die Skizzen 69 und 70 Gabeln ohne Handarbeit. Bei

Aufbauendes Gestalten. 35

der Ausführung nach Sk. 70 b kann die Fläche *1* und die Fläche *2* gedreht, Fläche *3* gefräst oder gestoßen werden. Die Form nach Sk. 70 a eignet sich mehr für gegossene Gabeln, die bei

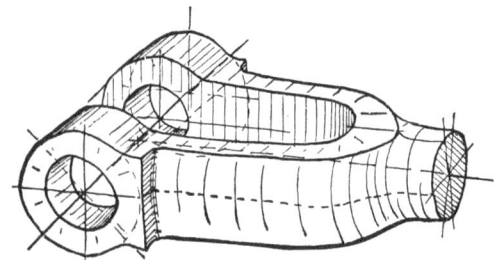

Skizze 69. Gabelauge, Form II.

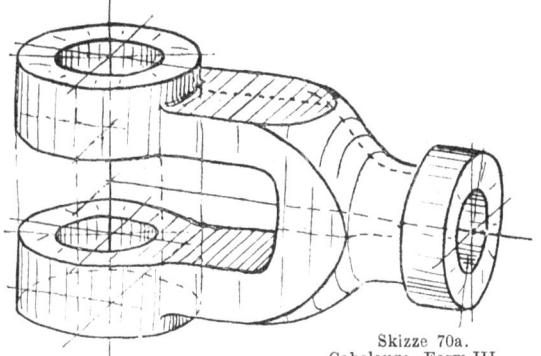

Skizze 70a.
Gabelauge, Form III.

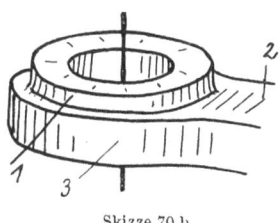

Skizze 70 b.

3 unbearbeitet bleiben oder für Preßteile (Massenfertigung).

Es sei ausdrücklich bemerkt, daß die punktweise Bestimmung von Durchdringungslinien nur den Zweck hat, das Vorstellungsvermögen zu schärfen und das Auge an häufig vorkommende Formen zu gewöhnen. Hat man darin einige Übung erlangt, so lassen sich die meisten Skizzen ohne Hilfskonstruktion ausführen, wie aus den Sk. 69 und 70 ersichtlich ist, die mit allen zu ihrem Entwurf erforderlichen Linien wiedergegeben sind.

Für den Konstrukteur ist eine derartige, im wesentlichen

richtige, rasch und mühelos angefertigte Skizze natürlich wertvoller als ein peinlich genaues, viel Zeit erforderndes Bild.

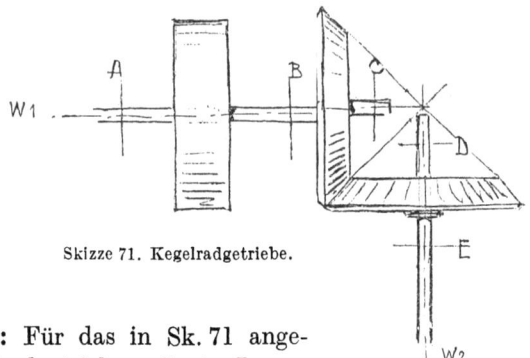

Skizze 71. Kegelradgetriebe.

3. Beispiel: Für das in Sk. 71 angegebene Kegelradgetriebe soll ein Lagerstuhl entworfen werden. Die Welle w_1 ist in A und C zu stützen, die Welle w_2 in D. Der Lagerstuhl ruht auf zwei I-Trägern.

Überträgt man die Sk. 71 in Perspektive, so ergibt sich Sk. 72. Schon diese Skizze wird das Konstruieren des Lagerstuhles, soweit es

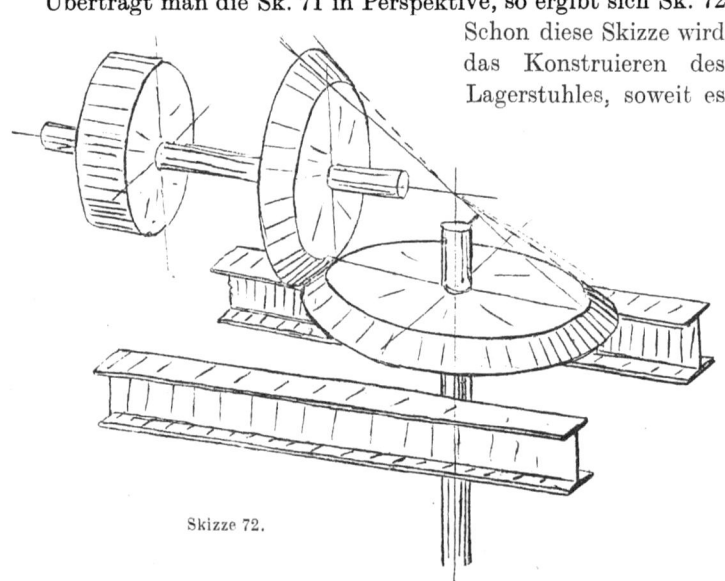

Skizze 72.

ein Gestalten im Raume ist, wesentlich erleichtern. Man braucht nicht fortwährend das körperliche Bild des ganzen Getriebes in

Aufbauendes Gestalten. 37

der Vorstellung festzuhalten, das Gedächtnis ist gleichsam entlastet.

Auch der erste Entwurf kann mit Vorteil noch in Perspektive durchgeführt werden. Sowohl unter A als unter C wird man brückenartige Lagerböcke stellen und an dem vorderen Bock die Paßflächen für Lager D anbringen. Verbindet man beide Böcke durch Querstücke, fügt man die Arbeitsleisten, Schraubenansätze usw. hinzu, so erhält man Sk. 73.

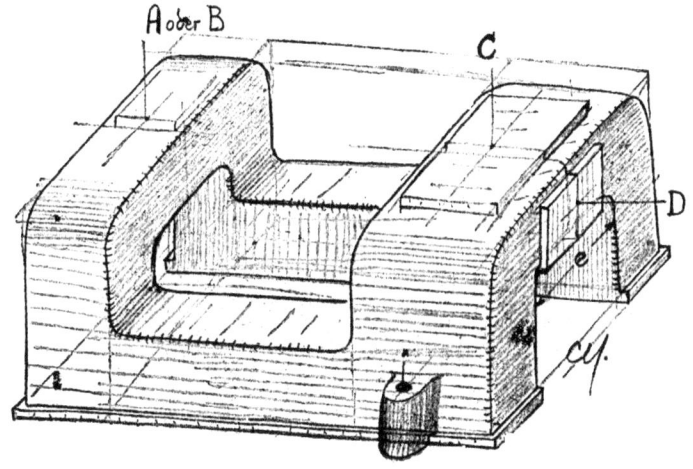

Skizze 73. Aufbauskizze eines Lagerbockes zu einem Kegelrädergetriebe (erster Entwurf). Einformen? Kernöffnungen? Abänderungen: Welle w_1 bei C, w_2 bei E stützen oder w_1 bei B, w_2 bei E.
Sk. 73 ist unmittelbar nach der Bleistiftskizze auf $^4/_5$ verkleinert.
(Die Abmessungen von Sk. 73 decken sich nicht mit den Abmessungen von Sk. 72.)

Nicht allein der Anfänger, sondern auch der geübte Konstrukteur wird sich durch diese kleine Vorarbeit das eigentliche Entwerfen wesentlich erleichtern. Zudem ist der Zeitaufwand ganz gering: Sk. 72 und 73 lassen sich in 5—6 Minuten in durchaus brauchbarer Form herstellen.

Perspektiv-Skizzen ermöglichen ferner rascher als der Entwur in Aufriß und Grundriß den Vergleich verschiedener Lösungen derselben Aufgabe, namentlich in bezug auf die Modellkosten, das Einformen, die Anordnung der Kerne und Kernöffnungen, die Bearbeitung, das Aufspannen usf.

38 Aufbauendes Gestalten.

4. Beispiel: Es ist ein Hebel zu entwerfen. Zwei Bohrungen sind parallel, die dritte Bohrung steht rechtwinklig dazu.

Ausgangspunkt für die nachfolgenden Betrachtungen ist ein Gegenhalter für eine Fräsmaschine. Doch soll ganz allgemein die Formung eines Werkstückes besprochen werden, das drei Bohrungen aufweist.

Dabei kann ein derartiges Werkstück ein Gußstück, Preßstück oder Schmiedestück sein. Wird allseitige Bearbeitung vorausgesetzt, so sind die Flächen so anzuordnen, daß die Bearbeitung auf Werkzeugmaschinen genau und billig möglich ist. Hier ist also die Tätigkeit des Konstrukteurs scheinbar am meisten eingeengt und darum soll diese Form zuerst behandelt werden. Ich sage, die Tätigkeit ist scheinbar eingeengt, weil die Anpassung an die

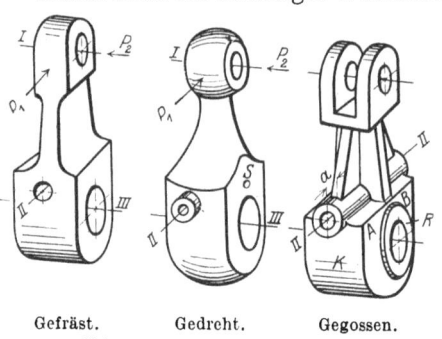

Gefräst.   Gedreht.   Gegossen.
Skizze 74a, b.   Skizze 75.

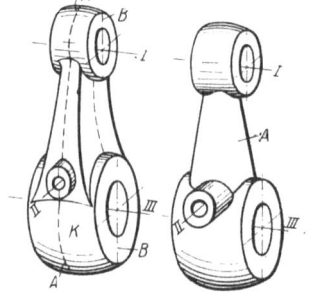

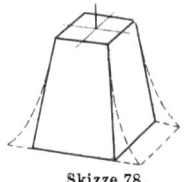

Gegossen oder gepreßt.
Skizze 76, 77.
Skizze 74 bis 77. Hebel mit 3 Bohrungen.
(Man skizziere den Hebel auch in anderen Lagen.)   Skizze 78.

Herstellungsmöglichkeiten von einem guten Konstrukteur gar nicht als Hemmung empfunden werden soll. Ist die Vorschrift „allseitig maschinell bearbeitet" für ein Werkstück angegeben und vom Konstrukteur als richtig erkannt, so sollen eigentlich nur solche Formen vor seinem Auge Gestalt annehmen, die dieser Vorschrift genügen.

Aufbauendes Gestalten. 39

Sk. 74 zeigt zwei Formen für allseitige Bearbeitung. Ausführung a eignet sich vorwiegend für Fräsarbeit, Bohrung I und II aus dem Vollen gebohrt, III gleichfalls aus dem Vollen gebohrt oder ausgedreht. Kraft $P_1 > P_2$.[1] Das Werkstück nach Ausführung b läßt sich fast ganz auf der Drehbank bearbeiten. Bei Sk. 74 b sind die Widerstandsmomente gegenüber den Kraftrichtungen von P_1 und P_2 einander gleich. Es wurde ferner angenommen, daß die aus Sk. 76 ersichtlichen, vorspringenden Augen bei Bohrung II auch bei Sk. 74 b unbedingt erforderlich sind. Sie lassen sich durch eine Buchse verwirklichen, die vom Stift S gehalten wird. Zwischen beiden Formen sind gewisse Übergänge möglich (namentlich bei Ausschneiden mit dem Schneidbrenner), die hier nicht erörtert werden sollen.

Die gleichen Formen könnten bei Gußstücken verwendet werden, bei denen die Oberfläche teilweise unbearbeitet bleiben kann. Auf das Ausheben des Modelles aus dem Sand ist Rücksicht zu nehmen. Durch Hinzufügen von Rippen läßt sich das Widerstandsmoment gegenüber der Kraft P_2 erhöhen (Sk. 75). Der Kreuzrippe wird in vielen Fällen die I-Rippe vorzuziehen sein, doch sind Rippen nur zulässig, falls sie sich gut in den Gesamtcharakter der Maschine einordnen. Die Bearbeitung bei III könnte auf die Bohrung und den Rand R beschränkt werden, der, wenn er schmal gehalten wird, auf beiden Seiten in einer Aufspannung abgedreht werden kann. Die Fläche AB bleibt dann unbearbeitet (Sk. 75).

Erfolgt das Ausbohren in einer Vorrichtung, so können die Vorsprünge bei ,,a" zum Spannen benützt werden.

Für Gußstücke wird man aber meist die Formen Sk. 76 oder Sk. 77 wählen. Die Gußnaht kann nach AA oder BB kommen. Lage AA ist für das Gußputzen bequemer; auch bleiben die zu bearbeitenden Flächen bei I und III frei von Gußnähten. Für das Einformen, namentlich falls Bohrung III einen Kern erhält, mag die Lage BB vorteilhafter sein. Bei Sk. 76 ist der Arm so gestaltet, daß das Auge für Bohrung II ganz auf der Seitenfläche des Armes sitzt und nicht in den Hauptkörper K ein-

---

[1] Der Hebel wird bei III geschlitzt und durch eine Schraube in Bohrung II auf die Welle geklemmt. Ist P_1 sehr groß und soll die Maschine sehr starr sein, so muß man die zylindrische Befestigung (Klemmsitz) bei III durch eine prismatische Befestigung ersetzen.

schneidet. Dies gibt eine schöne klare Form und einfache Modellarbeit. Bei Sk. 77, die ungefähr einer bei Gegenhaltern häufigen Ausführung entspricht, ist dies nicht der Fall. Die Form wirkt leicht unruhig, die Arbeit für den Modelltischler ist erschwert, namentlich wenn der Arm A elliptischen Querschnitt erhält.

Die beste und einfachste Form des Armes besteht aus vier geneigten, ebenen Wänden oder aus zwei ebenen und zwei zylindrischen Wänden, Sk. 78. Bei gegossenen Teilen erhalten zwei gegenüberliegende Wände Anzug zum Ausheben aus der Gußform. Bei Preßteilen für Massenfertigung ist auch das Gesenk zu skizzieren.

H. Schlußbemerkungen.

Durch das bisher Gesagte dürfte die Frage: „Wie sind Aufbauskizzen zu entwerfen?" so ziemlich erledigt sein. Auch wann sie zu zeichnen sind, ist klar: vor dem eigentlichen Konstruieren oder während desselben. Perspektive Bilder, die nachträglich, also nach Beendigung der Werkstattzeichnung angefertigt werden, sind für die Gestaltung als solche wertlos, mögen aber in manchen Fällen von Nutzen sein.

Meist wird man die Aufbauskizzen gleich am Zeichenblatt entwerfen, am Rand oder in einer freien Ecke. Sobald sie ihre Aufgabe erfüllt haben, verschwinden sie wieder, denn es ist nur in wenigen Fabriken üblich, sie auf der Werkstattzeichnung zu belassen.

Und doch sprechen manche Gründe dafür! Denn die Überzeugung vieler Fachgenossen, daß die Aufbauskizze das beste Mittel ist, den Anfänger an Raumvorstellung und Formengefühl zu gewöhnen, würde nur dann in fruchtbare Tat umgesetzt, wenn es ganz allgemein — und in erster Linie an den technischen Schulen — Brauch wäre, den Werkzeichnungen solche Skizzen beizufügen. Die leitenden Ingenieure könnten daraus schneller als aus der eigentlichen Konstruktion ersehen, ob ihre jungen Hilfskräfte die gestellte Aufgabe klar erfaßt haben, und manchem Mißverständnis zwischen Zeichensaal und Werkstatt kann durch eine derartige Skizze vorgebeugt werden. Denn eine Aufbauskizze gibt nicht allein Aufschluß über die räumlichen Verhältnisse. Man erkennt aus ihr auch, wie schon erwähnt wurde, ob die Herstellung des Modells oder die Bearbeitung des Werkstückes leicht und einfach, also genau und billig

Schlußbemerkungen. 41

sein dürfte oder nicht; man findet schnell, welche Abänderungen günstig wären, wo sich gefährliche Übergänge oder Guß-Anhäufungen befinden usw. Auch die Aufnahme und Weiterleitung der angreifenden Kräfte, die Wirkung biegender Momente, die Spannungsverteilung usw. läßt sich an Hand derartiger Skizzen gut beurteilen.

Solche Skizzen bewahren ferner vor bedenklichen „Flüchtigkeitsfehlern", wie die Sk. 79, 80 und 81 sie zeigen[1].

Von einem „Zeitverlust", der aus der Anfertigung von Aufbauskizzen entsteht, kann also keine Rede sein, wohl aber von einem „Zeitgewinn".

Zum Schluß sei noch auf die mannigfache Verwendung hingewiesen, die perspektive Skizzen im technischen Unterricht, in technischen Zeitschriften und bei Vorträgen finden können.

Neben den Übungen, die den Hauptinhalt dieses Buches ausmachen, sind auch Übungen zu empfehlen, bei denen ein Maschinenteil, dessen Normalprojektionen gegeben sind, in Perspektive darzustellen ist.

Ferner kann verlangt werden, einen durch eine perspektive Skizze

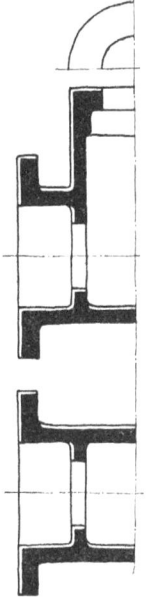

Skizze 79.
Gehäuse.
(Was ist falsch?)

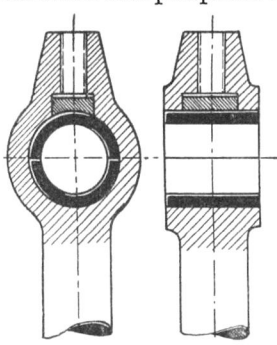

Skizze 80. Allseitig bearbeitetes Stangenauge. (Was ist falsch?)

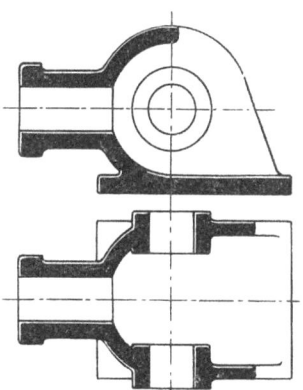

Skizze 81. Kreuzkopf. (Wie geht die kugelige Hauptform in die ebenen Seitenwände über?)

---

[1] Diese Fehler treten besonders klar zutage, wenn man die betreffenden Maschinenteile in Perspektive aufzeichnet.

(z. B. Sk. 82) bestimmten Gegenstand in seinen Normalprojektionen zu zeichnen.

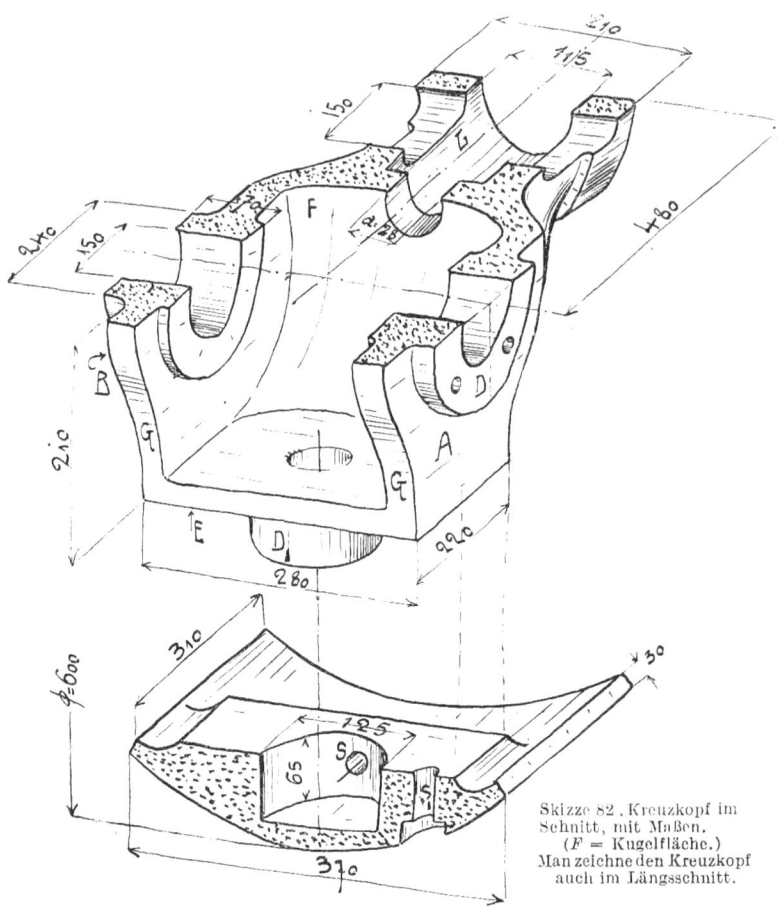

Skizze 82. Kreuzkopf im Schnitt, mit Maßen.
(F = Kugelfläche.)
Man zeichne den Kreuzkopf auch im Längsschnitt.

In Verbindung mit dem technologischen Unterricht werden Skizzen über die Bearbeitung von Einzelteilen (Sk. 83), ferner Skizzen von Kernen, Kernkasten, Preßformen, Vorrichtungen usw. von Wert sein.

Aus Bildern nach Sk. 84 ergibt sich der für den jungen Konstrukteur mit kurzer Gießereipraxis oft schwierige Zusammenhang zwischen dem Gußkörper, dem Modell und der Gußform.

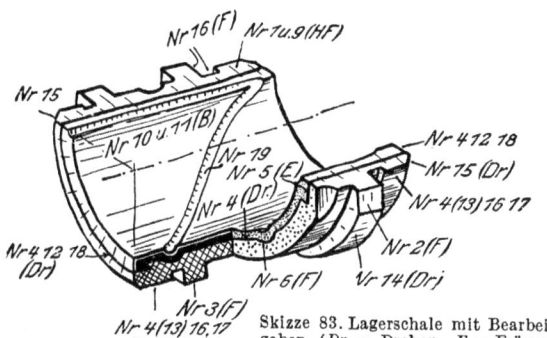

Skizze 83. Lagerschale mit Bearbeitungsangaben (Dr = Drehen, F = Fräsen, Sch = Schleifen, B = Bohren.)

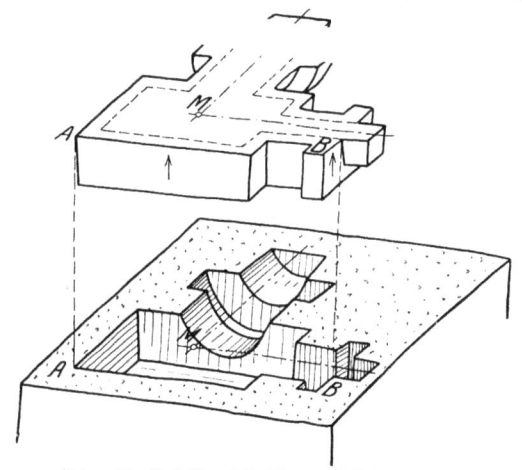

Skizze 84. Modell und Gußform. (Vgl. Skizze 53.)

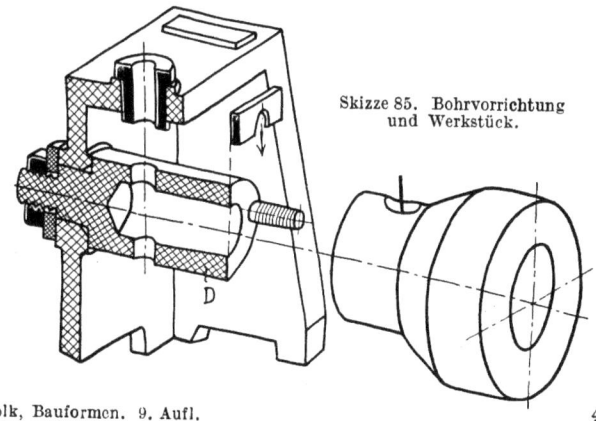

Skizze 85. Bohrvorrichtung und Werkstück.

Schlußbemerkungen.

Endlich werden Perspektiv-Skizzen von Getrieben, Steuerungen, Gesamtanordnungen usw. (s. die Sk. 86—88) am Platze sein, wenn man es dem Beschauer ermöglichen will, das Wesentliche rasch und mit einem Blick zu erfassen (Grundsatz-Skizzen, schematische Skizzen), oder wenn man Hilfskräften das Lesen von Zeichnungen beibringen oder mit ihnen Arbeitsvorgänge besprechen will.

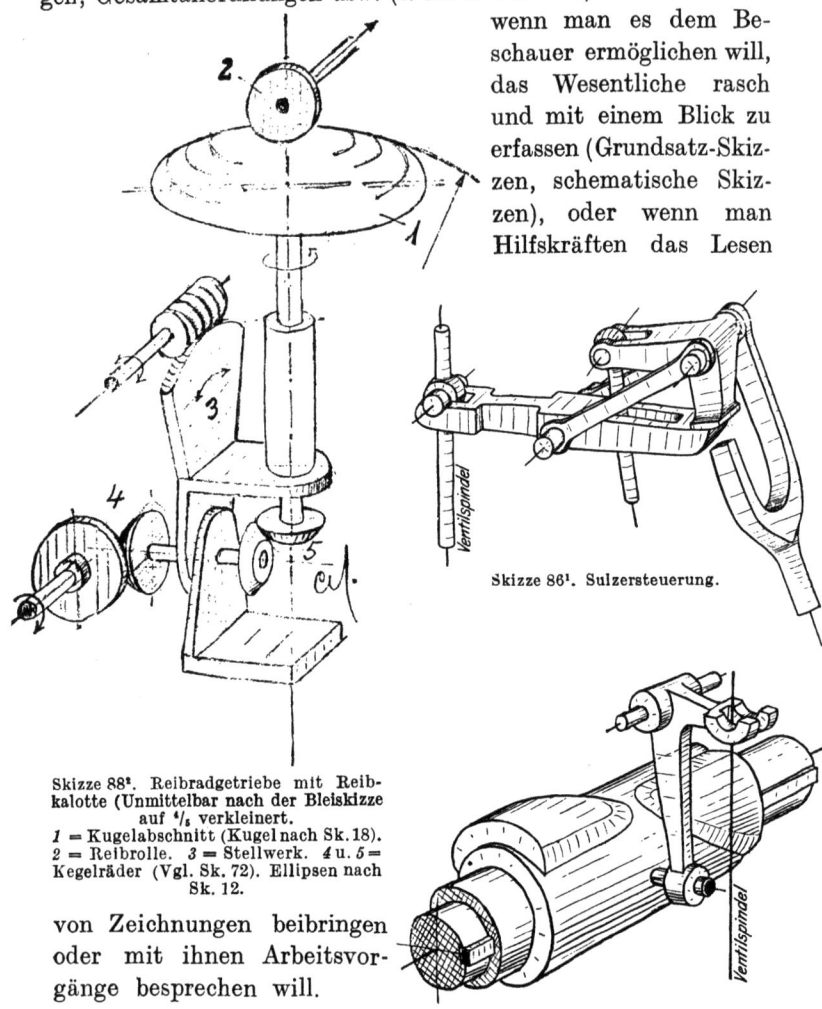

Skizze 86[1]. Sulzersteuerung.

Skizze 88[2]. Reibradgetriebe mit Reibkalotte (Unmittelbar nach der Bleiskizze auf $4/_5$ verkleinert.
1 = Kugelabschnitt (Kugel nach Sk. 18).
2 = Reibrolle. 3 = Stellwerk. 4 u. 5 = Kegelräder (Vgl. Sk. 72). Ellipsen nach Sk. 12.

Skizze 87[1]. Nockensteuerung.

---

[1] Vom Verfasser gezeichnet für das Werk von C. Matschoß: Die Entwicklung der Dampfmaschine.

[2] Die Sk. 88 habe ich nach einer Abbildung aus A. Kuhlenkamp: Reibradgetriebe usf. Z. VDI 1939, S. 681, entworfen.

Anhang.

1. Rechtwinklige Axonometrie.

In der Einleitung (S. 1 u. 2) wurde schon auf die Axonometrie hingewiesen. Das Axenkreuz in Sk. 6 weist die Winkel $\delta_1 \approx 7°10'$ und $\delta_1 \approx 41°25'$ auf ($\delta_1 + 2\delta_2 = 90°$), die Längen der Würfelkanten verhalten sich wie $1:1:1/2$. Es sind also nur zwei Maßstäbe erforderlich, es handelt sich um ein **zweimaßiges** (dimetrisches) Verfahren.

Für beliebige Winkel oder Verkürzungsverhältnisse erhält man die Beziehungen zwischen der Achsenlage und der Verkürzung aus Sk. 89 (vgl. in Sk. 1, S. 1 die rechtwinklige Abb. auf Ebene E).

Dabei ist das Achsenkreuz OX, OY, OZ auf die geneigte Bildebene E projiziert. OO_1 steht senkrecht auf E, es handelt sich um rechtwinklige Parallelprojektion. Es ist

$NP = ON \cdot \sin\varphi_1$
$OP = ON \cdot \cos\varphi_1$
$O_1P = ON \cdot \cos\varphi_1 \cdot \sin\varphi_2$
$tg\, \delta_2 = \dfrac{\cos\varphi_1 \cdot \sin\varphi_2}{\sin\varphi_1}$

Auf gleiche Weise erhält man:

$tg\, \delta_1 = \dfrac{\sin\varphi_1 \sin\varphi_2}{\cos\varphi_1}$

$tg\, \delta_1 \cdot tg\, \delta_2 = \sin^2\varphi_2$

Trägt man von O aus die Länge $l = 1$ auf ($OC = 1, OA = 1$ usf.) und projiziert die Einheiten auf die Bildebene, so wird

$O_1C_1 = c = OC \cdot \cos\varphi_2$
$= 1 \cdot \cos\varphi_2$.

Skizze 89[1].

Somit $c = \cos\varphi_2 = \sqrt{1-\sin^2\varphi_2} = \sqrt{1-tg\,\delta_1 \cdot tg\,\delta_2}$

Ersetzt man die Winkel δ_1 und δ_2 durch α, β und γ, so findet man die drei Gleichungen

$O_1A_1 = a = \sqrt{1-\cotg\beta \cdot \cotg\gamma}$ \hfill (1)
$O_1B_1 = b = \sqrt{1-\cotg\alpha \cdot \cotg\gamma}$ \hfill (2)
$O_1C_1 = c = \sqrt{1-\cotg\alpha \cdot \cotg\beta}$ \hfill (3)

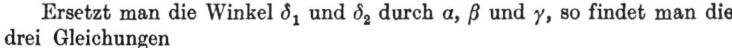

---

[1] Aus C. Volk: Axonometrie in graphischer Darstellung. Z. f. angewandte Math. u. Mechanik, Bd. V, S. 522.

46   Anhang.

Aus diesen 3 Gleichungen ergeben sich die Achsenrichtungen und Maßstäbe für die Darstellung der Körper in rechtwinkliger Axonometrie. (Maßstäbliches Achsenverfahren).

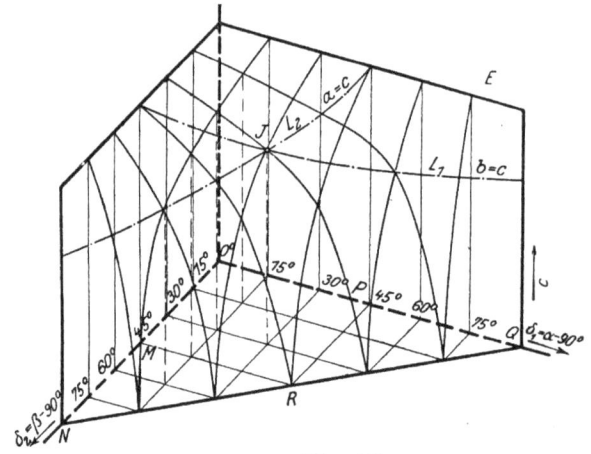

Skizze 90[1].

In Sk. 90 ist die Gl. (3) mit Hilfe räumlicher Koordinaten dargestellt. Die aus dieser Skizze ersichtliche Fläche sei als „c"-Fläche bezeichnet. In gleicher Weise kann man eine „a"-Fläche und eine „b"-Fläche zeichnen.

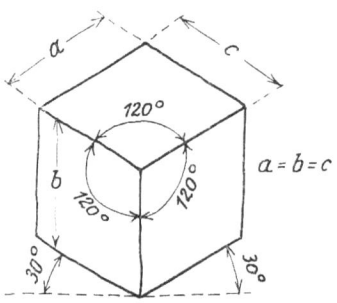

Skizze 91.
Würfel in isometrischer Projektion.

Bringt man die „c"-Fläche mit der „b"-Fläche zum Schnitt, so erhält man eine Schnittlinie L_1, welche die Gleichung $b = c$ erfüllt (Dimetrische oder zweimaßige Projektion). Aus $b = c$ folgt $\sphericalangle \beta = \sphericalangle \gamma$, d. h. der Grundriß von L_1 ist eine Gerade MQ, für welche $\alpha = 360 - 2\beta$ oder $\delta_1 = 90 - 2\delta_2$ ist. Mit anderen Worten: Bei einem Würfel in dimetrischer Projektion wird der Winkel zwischen den beiden gleich langen Kanten durch die 3. Kante halbiert.

Bringt man die „a"-Fläche mit der „c"-Fläche zum Schnitt, so erhält man die Schnittlinie L_2 (Grundriß NP). Endlich folgt eine dritte Reihe dimetrischer Darstellungen aus $a = b$. Die Schnittlinie zwischen der „a"- und „b"-Fläche hat die Gerade OR zum Grundriß. Die drei Schnittlinien haben einen Punkt J gemeinsam, für den $a = b = c$ ist und zu dem die Winkel $\alpha = \beta = \gamma = 120°$ gehören (Isometrische oder gleichmäßige Axonometrie). Sk. 91 zeigt einen Würfel in isometrischer Darstellung. Die Seiten sind kongruente Rhomben, die ein-

---

[1] Siehe Fußnote auf S. 45.

Anhang. 47

geschriebenen Kreise kongruente Ellipsen. Die Winkel (30° und 60°) können bequem mit dem Zeichendreieck angetragen werden. Für freihändige Entwurfskizzen empfehle ich die Isometrie nicht, da die dimetrische Darstellung nach Sk. 12, mit starker Verkürzung der unter 42° nach rückwärtslaufenden Kanten, anschaulichere Bilder liefert.

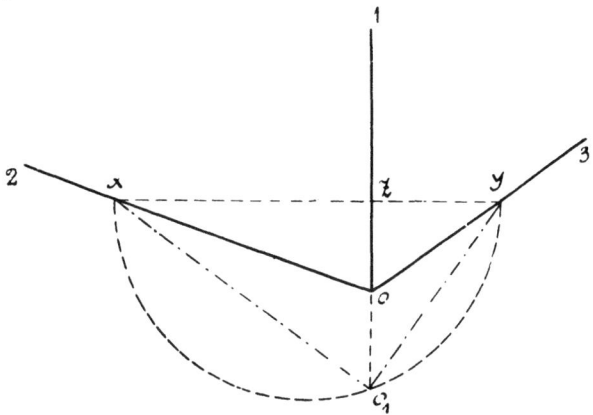

Skizze 92. Der Winkel zwischen xy und $x0_1$ ist bei dimetrischer Axonometrie $= 20°\ 40' = \varphi_1$; vgl. Sk. 6.

Den Skizzen dieses Buches nach Sk. 12 liegt ein Sonderfall der dimetrischen Axonometrie mit $b = c = 2a$ zugrunde. Die zugehörigen Winkel berechnet man dann aus $\sqrt{1 - \cotg \alpha \cdot \cotg \gamma} = 2\sqrt{1 - \cotg \beta \cdot \cotg \gamma}$.

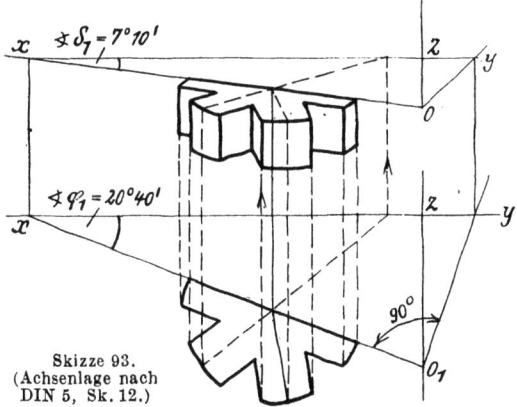

Skizze 93. (Achsenlage nach DIN 5, Sk. 12.)

Da $\beta = \gamma$ und $\alpha + \beta + \gamma = 360°$ ist, folgt $\beta = \gamma = 131°\ 25'$, $\alpha = 97°\ 10$ oder $\delta_1 = 7°\ 10'$ und $\delta_2 = 41°\ 25'$ (vgl. S. 3). Auf zeichnerischem Wege erhält man die Winkel aus einem Dreieck, dessen Seiten sich verhalten wie $a^2 : b^2 : c^2$. Mit $a : b : c = 1 : 2 : 2$ wird dieses Dreieck gleichschenklig, Winkel an der Spitze $= 2\delta_1$. Somit $\sin \delta_1 = \frac{1}{2} a^2/b^2 = \frac{1}{8}$ und $\delta_1 \approx 7°\ 10'$.

48 Anhang.

Für beliebig gewählte Achsenrichtungen *01*, *02* und *03* (Sk. 92) kann man die Verkürzungen auf folgende Weise durch Zeichnung ermitteln. Man betrachtet die körperliche Ecke *0123* als vordere Ecke eines Würfels (vgl. Sk.6) und zieht in der Grundfläche dieses Würfels die Waagrechte xy. Das Dreieck Oxy ist dann rechtwinklig, mit xy als Hypotenuse. Durch Herabklappen erhält man die wahre Größe[1]. Der Punkt *0* bewegt sich dabei in einer zu xy senkrechten Ebene, 0_1 liegt lotrecht unter *0* (in einem Halbkreis über xy; Winkel im Halbkreis = 90°). Aus den scheinbaren und wahren Längen erhält man die Verkürzungsverhältnisse. Es ist $0x/0_1x$ das Verkürzungsverhältnis in Richtung *02* und $0y/0_1 y$ das Verkürzungsverhältnis in Richtung *03*. Die Verkürzung nach *01* läßt sich nicht unmittelbar finden, wohl aber die Verkürzung der Dreieckshöhe $0z$, welche zu *01* senkrecht steht. Berechnet man den Winkel ϱ aus $\sin \varrho = 0z/0_1z$, so ergibt sich aus dem Ergänzungswinkel $90° - \varrho$ das Verkürzungsverhältnis in Richtung *01*. Es ist $\sin (90 - \varrho)$ = verkürzte Länge in Richtung *01*/wahre Länge. (Winkel ϱ entspricht dem Winkel φ_2 in Sk. 6. Dort ist $\sin (90 - \varphi_2) = c''/l$.)

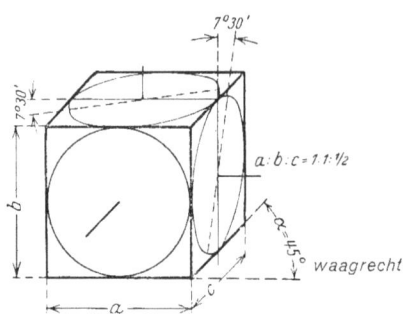

Skizze 94[2]. Würfel in schiefer Parallelprojektion.

2. Schiefwinklige Abbildung.

(Schiefe Parallelprojektion.)

Bei der schiefwinkligen Abbildung sind die unter sich parallelen Bildstrahlen gegen die Bildebene unter einem Winkel geneigt, der $< 90°$ und $> 0°$ ist.

Von einem nach Sk. 1, S. 1 ausgerichteten Bauteil kann man daher bei entsprechender Wahl der Strahlrichtung ein Bild D erhalten, das drei Seiten des Bauteiles (z. B. eines Würfels) zeigt. Die schiefwinklige Abbildung

---

[1] Skizze 92 kann man benutzen, um von einem durch seinen Grundriß gegebenen Körper eine Aufbauskizze zu zeichnen.

Man zieht (Sk. 93) die Linien Ox und Oy, darunter die Linien 0_1x und 0_1y, zeichnet den gegebenen Grundriß in der verlangten Lage ein und erhält durch Zurückdrehen das perspektive Bild. Das perspektive Bild stellt eine affine Umformung des Grundrisses dar. Den Parallelenscharen im Grundriß sind entsprechende Scharen in der Aufbauskizze zugeordnet (Affinität = Verwandtschaft).

[2] Aus dem Normblatt DIN 5, herausgegeben vom Deutschen Normenausschuß (Berlin; Beuth-Verlag).

eignet sich namentlich für ebenflächig begrenzte Bauteile und für Teile, bei denen die zu zeichnenden Kreise parallel zur Bildebene liegen, nicht aber für Drehkörper. (Eine Kugel erscheint bei rechtwinkliger Abbildung als Kreis, bei schiefwinkliger als Ellipse!)

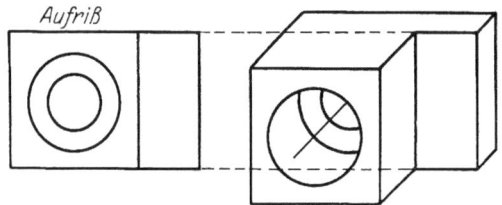

Skizze 95/96. Schiefe Parallelprojektion nach Sk. 94.
(Bildebene senkrecht halten. Bild schräg von rechts oben betrachten.)

Für das Skizzieren von Maschinenteilen werden drei Verfahren empfohlen:

a) Man geht vom Aufriß aus und trägt die Tiefenmaße unter 45° und auf die Hälfte verkürzt auf (Sk. 94 bis 96).

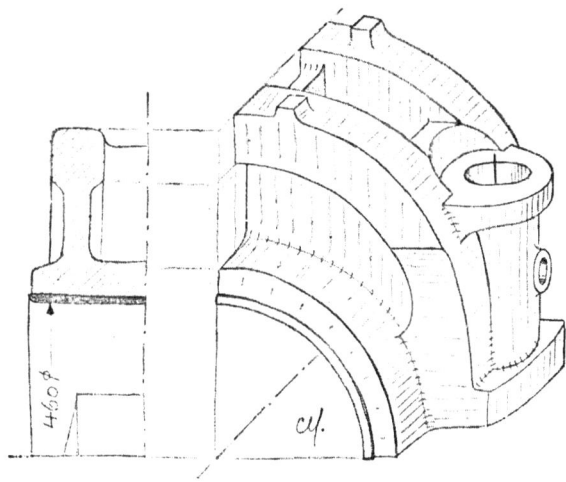

Skizze 97. Deckel einer Schubstange, Querschnitt und Aufbauskizze.
Aus C. Volk, Das Maschinenzeichnen des Konstrukteurs.
7. Aufl. Springer-Verlag. (Vgl. Volk, Der konstruktive Fortschritt, 1941.)

b) Man geht vom Querschnitt (Sk. 97) aus, stellt einen Schrägriß des Querschnittes her und zeichnet dazu die Ansicht. Die parallel zur Bildebene liegenden Kreise erscheinen in wahrer Größe.

c) Man geht vom Grundriß aus und stellt nach Sk. 98 bis 100 eine Militärperspektive her. Es handelt sich um eine Draufsicht, die Höhen h sind unverkürzt, die Kreise erscheinen in wahrer Größe. Man zeichnet

50 Anhang.

den Grundriß in beliebiger Lage (z. B. $\sphericalangle \alpha = 30°$) und trägt die Höhen h in wahrer Größe auf. Das Verfahren wird Militärperspektive genannt, da es früher viel beim Zeichnen des Festungsgeländes, der Wälle und Böschungen verwendet wurde. Auch bei der schiefwinkligen Abbildung kann man vom Achsenkreuz und den Verkürzungen (vgl. Sk. 94) ausgehen, also das Verfahren der schiefwinkligen Axonometrie anwenden, oder aus gegebenen Normalrissen durch affine Umformung Bilder in Parallel-Perspektive entwickeln.

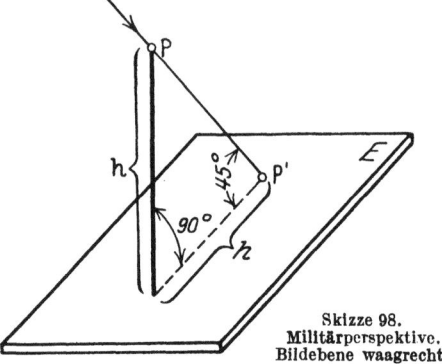

Skizze 98. Militärperspektive. Bildebene waagrecht.

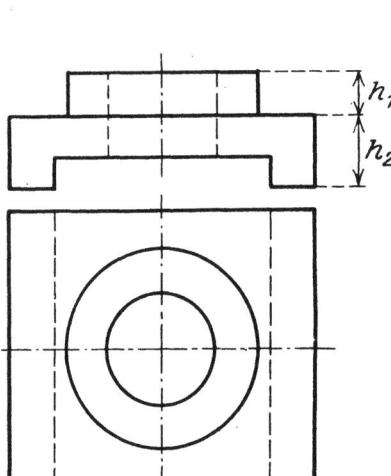

Skizze 99. Aufriß und Grundriß zu Sk. 100.

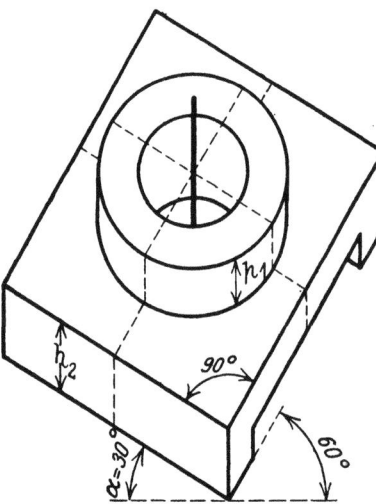

Skizze 100. Militärperspektive, aus dem Grundriß Sk. 99 entwickelt. (Zeichenfläche waagrecht halten, Bild unter 45° von oben betrachten).

MIX
Papier aus verantwortungsvollen Quellen
Paper from responsible sources
FSC® C105338

If you have any concerns about our products,
you can contact us on
ProductSafety@springernature.com

In case Publisher is established outside the EU,
the EU authorized representative is:
**Springer Nature Customer Service Center GmbH
Europaplatz 3, 69115 Heidelberg, Germany**

Printed by Libri Plureos GmbH
in Hamburg, Germany